中国南水北调工程

水利部南水北调工程管理司 编著

U0167422

中国水利水电出版社
www.waterpub.com.cn
·北京·

图书在版编目（CIP）数据

中国南水北调工程 / 水利部南水北调工程管理司编著. -- 北京 : 中国水利水电出版社, 2021.6
ISBN 978-7-5170-9607-8

Ⅰ. ①中… Ⅱ. ①水… Ⅲ. ①南水北调一水利工程 Ⅳ. ①TV68

中国版本图书馆CIP数据核字(2021)第099846号

审图号: GS（2021）3685号

书　名	中国南水北调工程 ZHONGGUO NANSHUIBEIDIAO GONGCHENG
作　者	水利部南水北调工程管理司　编著
出版发行	中国水利水电出版社 (北京市海淀区玉渊潭南路1号D座　100038) 网址: www.waterpub.com.cn E-mail: sales@waterpub.com.cn 电话: (010) 68367658 (营销中心)
经　售	北京科水图书销售中心 (零售) 电话: (010) 88383994、63202643、68545874 全国各地新华书店和相关出版物销售网点
排　版	金五环出版服务有限公司
印　刷	北京科信印刷有限公司
规　格	210mm×285mm　16开本　10印张　206千字
版　次	2021年6月第1版　2021年6月第1次印刷
印　数	0001—3000册
定　价	128.00元

凡购买我社图书，如有缺页、倒页、脱页的，本社营销中心负责调换
版权所有 · 侵权必究

《中国南水北调工程》编纂委员会

主　　任：李鹏程

副 主 任：李　勇　袁其田　谢民英　朱　涛　王　丽

主　　编：袁其田

副 主 编：高立军　邓文峰　李　益　罗　刚　殷立涛
梁　祎　周　媛　杨　薇

撰 稿 人：袁凯凯　单晨晨　沈子恒　张　晶　汪博浩
杨乐乐　刘　军　原　雨　赵学儒　许安强
薛腾飞　张中流　田　野　孙　畅　丁俊岐
董玉增

审稿专家：高安泽　汪易森　王树山　李志竑　赵文图

前 言

特殊的地理和气候条件，决定了我国南方水多、北方水少的水资源基本特征。长期以来，干旱缺水是困扰中华民族生存与发展的重大问题之一，成为实现中华民族伟大复兴中国梦的瓶颈。

南水北调工程是党中央决策建设的重大战略性基础设施，是优化水资源配置、保障群众饮水安全、复苏河湖生态环境、畅通南北经济循环的生命线和大动脉，功在当代、利在千秋。

在习近平新时代中国特色社会主义思想指引下，水利部门认真贯彻落实习近平总书记“节水优先、空间均衡、系统治理、两手发力”治水思路和习近平总书记关于南水北调工程作出的重要讲话和指示批示精神，推动南水北调各项工作取得实效。

从擘画方略到设计论证，从开工建设到通水运行，历经半个多世纪的科学论证，数十万移民群众无私奉献，数十万建设者十多年艰苦奋战，南水北调东、中线一期工程分别于 2013 年 11 月 15 日、2014 年 12 月 12 日建成通水，如期实现了党中央、国务院确定的建设目标。

东、中线一期工程自全面通水以来，工程质量可靠，运行安全平稳，供水水质稳定达标，经受住了特大暴雨、台风、寒潮等极端天气考验，未发生安全事故和断水事件。截至 2021 年 1 月底，累计供水量超过 400 亿立方米，受水区直接受益人口达 1.4 亿人，对支撑沿线地区生产生活和生态用水发挥了重大作用，经济、社会、生态等效益显著。

南水北调工程谱写了中华民族水利史上一部壮丽史诗，铸就了我国社会主义现代化建设事业的一座历史丰碑，是中国特色社会主义制度的重大成果，是几代中国共产党人带领人民接续奋斗的伟大见证。

展望未来，南水北调这一大国重器，必将有效保障我国水资源安全，更好地泽被中华大地、造福亿万人民，为实现中华民族伟大复兴的中国梦作出更大贡献。

《中国南水北调工程》编纂委员会

2021 年 6 月

目　录

前言

论证规划篇

大国发展，规划先行。自 1952 年 10 月毛泽东主席首次提出“南水北调”的伟大构想，至 2002 年 12 月南水北调工程正式开工建设，经历了半个世纪的科学论证和规划。在中国共产党领导下，一代代水利人攻坚克难、驰而不息，经过漫长的论证和方案比选后，最终形成了南水北调工程总体规划。

南水北调工程规划从长江水系向北方调水，分东、中、西三条调水线路，通过三条调水线路与长江、淮河、黄河和海河四大江河的联系，构成“四横三纵、南北调配、东西互济”的水网格局，对缓解我国北方地区水资源严重短缺局面、促进经济社会可持续发展、改善生态环境、保障国家重大发展战略实施，具有十分重大而深远的意义。

| 南水北调的由来 |

中国水资源特征

我国大部分地区属于亚洲季风气候区，降水量受海陆分布、地形等因素影响，在区域间、季节间和多年间分布很不均衡，因此旱涝灾害频发，深深困扰中华民族生存与发展。

我国多年平均年降水量为 61875 亿立方米，主要集中在夏季。多年平均年地表水资源量为 27388 亿立方米，其中南方地区占 84%，北方地区占 16%。多年平均年地下水资源量为 8170 亿立方米，其中南方地区占 70%，北方地区占 30%。

因干旱而龟裂的土地

因干旱而干涸的河道

20世纪七八十年代，北方旱灾严重时，取水需要排长队

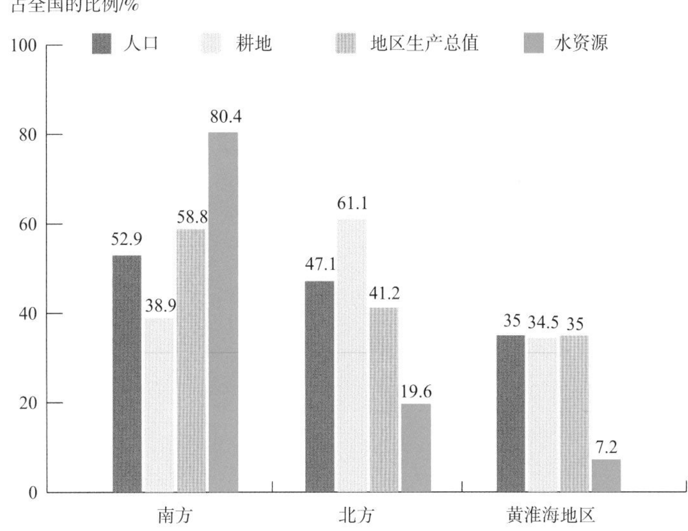

我国人口、耕地、地区生产总值及水资源对比图

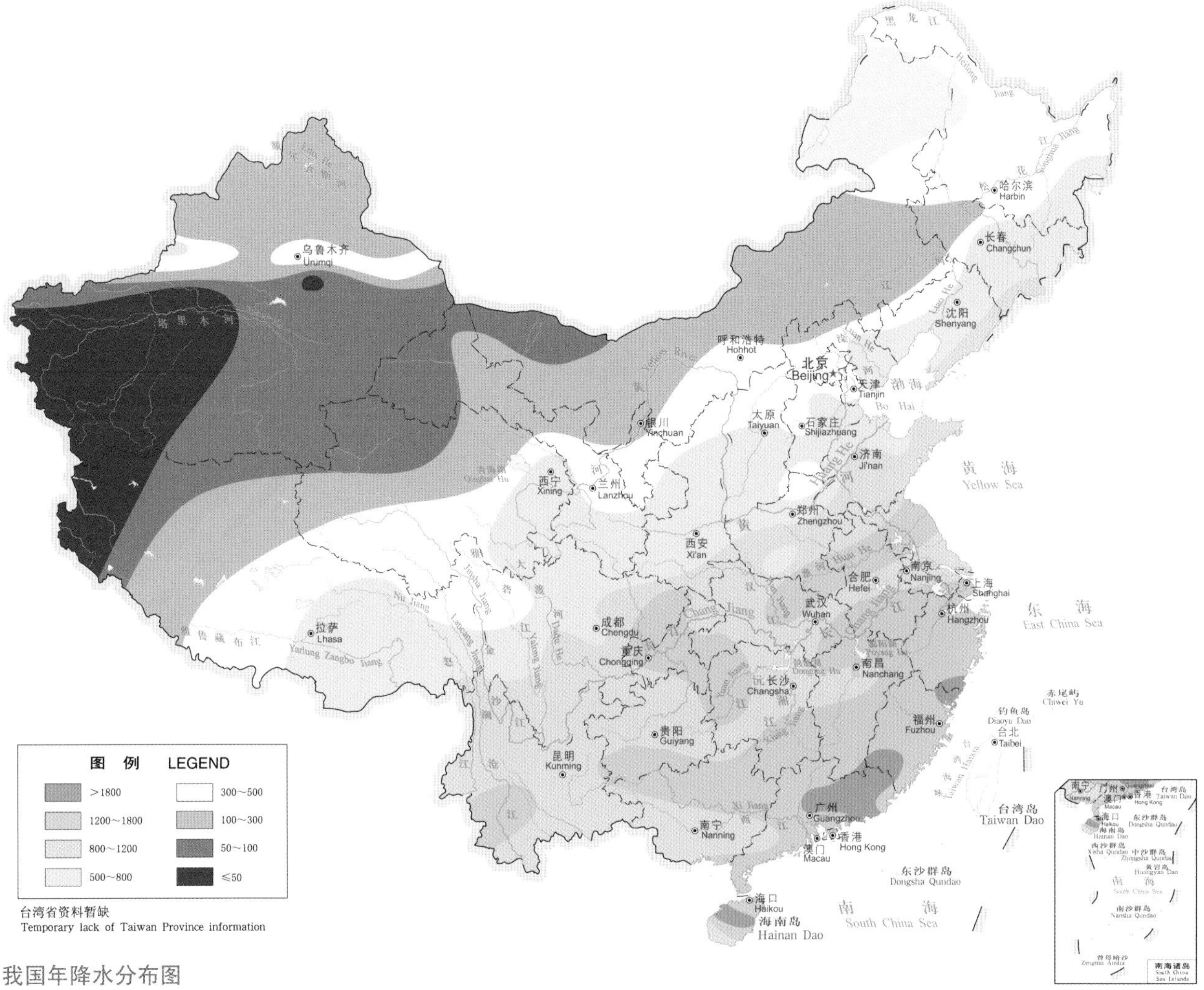

图 例 LEGEND

>1800	300～500
1200～1800	100～300
800～1200	50～100
500～800	≤50

台湾省资料暂缺
Temporary lack of Taiwan Province information

我国年降水分布图

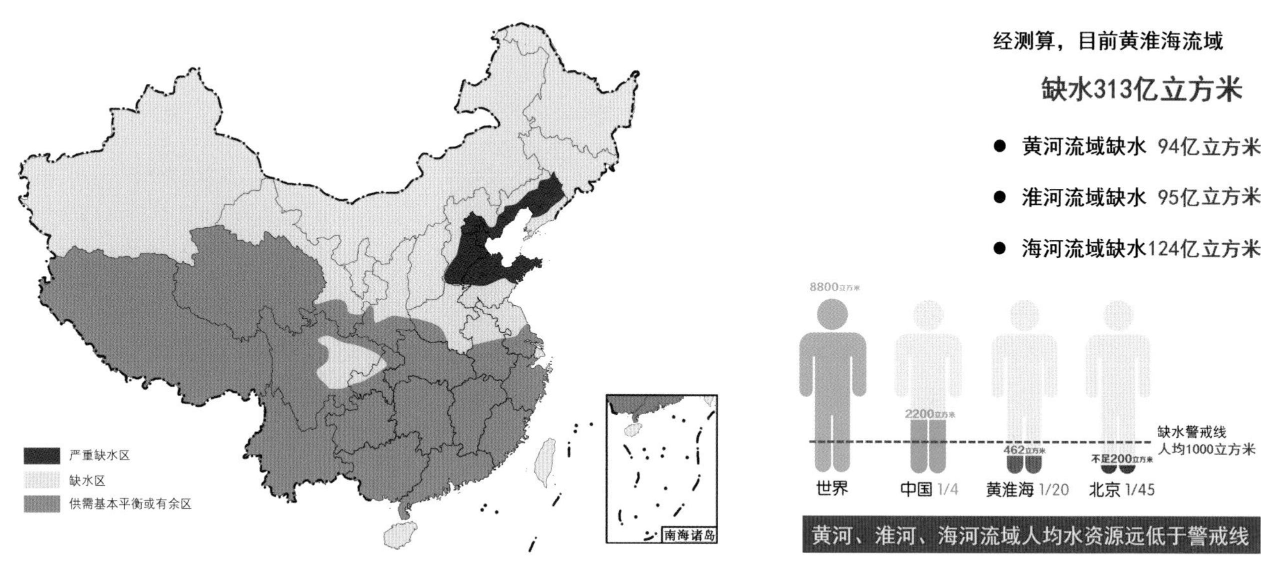

我国水资源供需现状图

黄淮海地区总人口、国内生产总值均占全国的35%，但水资源量只占全国总量的7.2%；黄淮海地区的人均水资源量仅为450立方米，只占全国人均水平的22%。海河流域人均水资源量仅为272立方米。

局部地区由于水资源短缺，人们不得不饮用高氟水、苦咸水，苦不堪言；部分地区大量开采地下水，造成地面沉降、海水入侵。由于河湖水系的干涸、断流与污染，沙尘暴由北方侵袭南方；很多地区发生农业争水、城乡争水、居民争水，超采地下水、挤占生态用水等极端现象。更有甚者，个别地区间因争水而发生冲突，影响社会稳定，对国家安定和民族和谐造成威胁。缺水成为经济社会发展的主要瓶颈之一。

南水北调工程前期工作主要历程

探索阶段（1952—1961 年）

1952 年

8 月，黄河水利委员会组建黄河河源勘察队，首次组织查勘黄河源头和长江上游通天河调水到黄河源的引水线路，并编制了《黄河源及通天河引水入黄查勘报告》。

10 月，毛泽东主席视察黄河，在听取黄河水利委员会主任王化云关于引江济黄的设想汇报后，提出“南方水多，北方水少，如有可能，借点水来也是可以的”宏伟设想。

毛泽东主席视察黄河

黄河河源勘察队首次赴黄河源头查勘、调研

黄河水利委员会工作人员在黄河源地区勘测

1953 年

2 月中旬，毛泽东主席视察长江，强调“南水北调工作要抓紧”。毛泽东主席巡视南方，目的就是探求向长江借水，解决北方缺水问题。毛泽东主席在长江舰上召见林一山，就长江流域规划进行研究。

1958 年

2 月，毛泽东主席安排周恩来总理主管南水北调工作。

3 月，中共中央在成都召开会议，从国家资源布局的高度研究南水北调工程。

8 月，中共中央在《关于水利工作的指示》中强调：“全国范围的较长远的水利规划，首先是以南水北调为主要目的，应加速制定。”“南水北调”一词第一次出现在中央文件中。

9 月 1 日，丹江口水利枢纽工程开工。

10 月，湖北、河南两省所属的襄阳、荆州、南阳 3 个地区 17 个县的 10 余万民工汇集到丹江口工地。

1958—1960 年，中央先后召开了 4 次全国性的南水北调会议，制定了 1960—1963 年南水北调工作计划，提出在 3 年内完成南水北调初步规划要点报告的目标。

丹江口水利枢纽工程开工典礼大会

丹江口大坝施工现场

丹江口水利枢纽工程施工现场

丹江口水利枢纽工程施工井然有序

1958—1961 年，黄河水利委员会组织勘测设计工作队 400 多人，对西线进行大面积的现场查勘。

1959 年

2 月，中科院、水电部在北京召开西部地区南水北调考察研究工作会议，确定南水北调的指导方针“蓄调兼施，综合利用，统筹兼顾，南北两利，以有济无，以多补少，使水尽其用，地尽其利”。

7 月，南水北调工程被正式列入长江水利委员会编制的《长江流域综合利用规划要点报告》中。

1959 年，黄河水利委员会主任王化云考察南水北调工程线路

1959 年，南水北调工程勘测队队员在查勘途中合影

1960 年

1 月，江苏省编报《苏北引江灌溉工程电力抽水站设计任务书》，提出“以京杭运河为纲，四湖调节，八级抽水”。

长江流域规划办公室和黄河水利委员会派工作组联合查勘引汉总干渠方城至黄河段，基本上选定了后来实施的中线工程路径走向。

1961 年

12 月，江都泵站工程开工，初定规模为 250 立方米 / 秒，至 1969 年，建成江都一站、二站和三站。1973 年，经水电部批准，增建江都四站，规模为 150 立方米 / 秒，总规模增至 400 立方米 / 秒，于 1977 年建成。此后，又陆续建成淮安站及以北各梯级泵站，为南水北调东线工程奠定了基础。

1968 年，工作组在甘肃省玛曲县香扎寺了解黄河水情

以东线为重点的规划阶段（1972—1979 年）

1973 年

7 月，水电部责成治淮规划小组办公室（现淮河水利委员会）、黄河水利委员会和第十三工程局组建南水北调规划组，研究近期从长江向华北调水的方案。

10 月，丹江口水利枢纽一期工程全部完成，第 6 台机组并网发电。丹江口水电站装机 6 台，总容量 90 万千瓦，为华中电网的安全、稳定运行和华中四省工农业发展及人民生活水平的提高做出了突出贡献。

1976 年

3 月，水电部编制完成《南水北调近期工程规划报告（初稿）》。

1977 年

10 月，由水电部、交通部、农业部和一机部联合将《南水北调近期工程规划报告》上报国务院。

1979 年

12 月，水利部正式成立南水北调规划办公室，统筹领导协调全国的南水北调工作。

1978 年，黄河水利委员会组织考察黄河源头

东线、中线、西线规划研究阶段（1980—1994 年）

1980 年

4 月，水利部组织南水北调中线查勘；黄河水利委员会组织工作组，对西线引水线路进行查勘。

7 月，邓小平视察丹江口水利枢纽工程建设情况，听取丹江口水利枢纽工程的建设、规划、设计、移民生活现状和二期大坝加高工程、南水北调等情况汇报，询问移民的生活状况和库区建设情况。

黄河水利委员会工作组赴西线跋涉查勘

1985 年，黄河水利委员会组织考察黄河源头

1983 年

1 月，水利部组织审查《南水北调东线第一期工程可行性研究报告》

国家计委报经国务院批准，开展长江流域规划修订工作。

1987 年

7 月，国家计委下达通知，决定将南水北调西线工程列入“七五”超前期工作项目。

1989 年，国家计委和水利部组织查勘南水北调线路

1989 年冬，水利部南水北调办公室组织中线引江查勘

1990 年

5 月，由水利部南水北调规划办公室牵头，淮河水利委员会、海河水利委员会、水利部天津水利水电勘测设计研究院共同参加，并在有关单位配合下，编制了《南水北调东线工程修订规划报告》。

1992 年，水利部南水北调工程研讨会

1991 年，黄河水利委员会组织勘测队在西线通天河开展地质调查

1995 年，水利部总工朱尔明、副总工李国英听取黄委会谈英武南水北调西线工作汇报

1996 年

论证阶段（1995—1998 年）

3 月，成立了以副总理邹家华任主任，副总理姜春云、国务委员陈俊生、全国政协副主席钱正英任审查委员会副主任的南水北调工程审查委员会，对《南水北调工程论证报告》进行审查。

1998 年

为期两年多的南水北调工程论证、审查工作结束。

1999 年

总体规划阶段（1998—2002 年）

1999 年 6 月，江泽民总书记在黄河治理开发工作座谈会的讲话中指出："为从根本上缓解我国北方地区严重缺水的局面，兴建南水北调工程是必要的，要在科学选比、周密计划的基础上抓紧制定合理的切实可行的方案。"

2000 年

1999—2001 年，北方地区再次发生连续的严重干旱，京、津地区和胶东地区严重缺水，天津被迫实施第六次引黄应急。社会各界对北方地区水资源短缺的严峻形势达成共识，迫切希望尽早实施南水北调工程。

9 月，水利部提出了《南水北调工程实施意见》，就南水北调工程的总体布局、近期实施方案、投资结构与筹资方式、生态建设与环境保护等方面进行了分析论证，并先后征求了国家计委、中咨公司和部分资深专家的意见。

9 月 27 日，国务院召开南水北调工程座谈会，朱镕基总理主持会议，听取了水利部关于《南水北调工程实施意见》的汇报和国家计委、中咨公司及与会专家的意见，对南水北调工程作出重要指示。

2000 年 9 月，钱正英、张光斗、潘家铮、徐乾清等院士、专家讨论《南水北调工程实施意见》

2000 年，水利部会同国家计委、建设部等召开南水北调前期工作座谈会

10 月，中央十五届五中全会通过的《中共中央关于制定国民经济和社会发展第十个五年计划的建议》中指出：为缓解北方地区严重缺水的矛盾，要加紧南水北调工程的前期工作，尽早开工建设。

在科学比选、周密计划的基础上，中央明确了“三先三后”（先节水后调水，先治污后通水，先环保后用水）原则。

听取有关部门汇报和专家意见

国务院召开南水北调工程座谈会

朱镕基主持会议并讲话　李岚清等出席

抓紧实施南水北调工程

福建省今年将实现小康

“九五”期间城乡居民收入年均增长逾5%

2000 年 10 月 16 日，《人民日报》头版头条报道国务院召开南水北调工作座谈会新闻，发表评论员文章《抓紧实施南水北调工程》

2001 年

2 月，包括中国科学院、中国工程院 9 位院士在内的 40 位专家，对黄河水利委员会提交的西线工程专题报告进行评审。

5 月下旬，水利部在京召开审查会，审查通过了《南水北调西线工程规划纲要及第一期工程规划》。

审查会现场

2001 年 8 月，水利部副部长张基尧考察西线工程

2002 年

1 月，水利部完成《南水北调工程总体规划（征求意见稿）》，并于 2 月将《南水北调工程总体规划（征求意见稿）》分别送国家计委、财政部、农业部、建设部、交通部、国家环境保护总局六部（委、局）以及京、津、冀、豫、鄂、鲁、苏、皖、陕九省（直辖市）人民政府征求意见。

2002 年 2 月 8 日，水利部在北京召开《南水北调工程总体规划》专家座谈会

7 月，水利部组织完成《南水北调工程总体规划》修改，并与国家计委联合将《南水北调工程总体规划》呈报国务院审批。

8 月 23 日，国务院总理朱镕基主持召开国务院第 137 次总理办公会议，审议并通过了《南水北调工程总体规划》，原则同意成立国务院南水北调工程领导小组，原则同意江苏三阳河潼河宝应站工程、山东济平干渠工程年内开工。

在人民大会堂举行的南水北调工程开工典礼场面

10 月 10 日，中共中央政治局常务委员会审议并通过《南水北调工程总体规划》。

山东段开工典礼场面

11 月，党的十六大报告中指出“抓紧解决部分地区水资源短缺问题，兴建南水北调工程”。

12 月 23 日，国务院正式批复《南水北调工程总体规划》。

12 月 27 日，南水北调东、中线一期工程开工典礼在北京人民大会堂举行，山东、江苏的东线一期工程开工典礼在施工现场同时举行。

江苏段开工现场

2004 年，黄河水利委员会组织考察西线工程及黄河源

历经 50 年的勘测、论证、规划设计，历经了深入研究、反复论证、科学比选，24 个国家科研设计单位、沿线 44 个地方跨学科、跨部门、跨地区联合研究，近百次国家层面会议，水利、农业、地质、环保、生态、工业、工程、经济等各学科和专业专家 6000 多人次参加论证，其中有中国科学院、中国工程院士 30 多人 110 多人次。科学比选 50 多个方案。仅西线，就论证比选了大电站抽水的藏水北调方案、自流引水为主的高线方案、自流为主的中线方案、自流与提水相结合的低线方案、全自流的低线方案、“大西线调水”方案、“四江一河”调水方案等多个方案，凝聚了无数南水北调先辈们和广大勘测设计人员的心血，形成了一大批扎实的前期工作成果。

| 工程规划布局 |

总体规划

《南水北调工程总体规划》是南水北调工程建设的基础和纲领性文件。规划确定南水北调分东、中、西三条调水线路，分别从长江下、中、上游向北方地区调水，调水总规模 448 亿立方米，相当于为北方地区增加了一条黄河。其中东线 148 亿立方米，中线 130 亿立方米，西线 170 亿立方米，基本覆盖我国黄淮海流域、胶东地区和西北内陆河部分地区，形成“四横三纵、南北调配、东西互济”的中华水网。

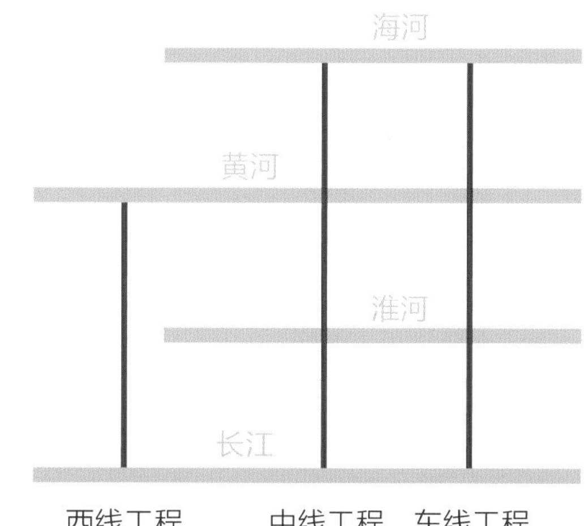

南水北调工程构建的“四横三纵”中国大水网示意图

南水北调工程主要受水区黄淮海流域面积 145 万平方公里，约占我国陆地面积的 15%，2000 年的耕地面积为 7 亿亩，粮食产量为 1.7 亿吨，人口为 4.38 亿。

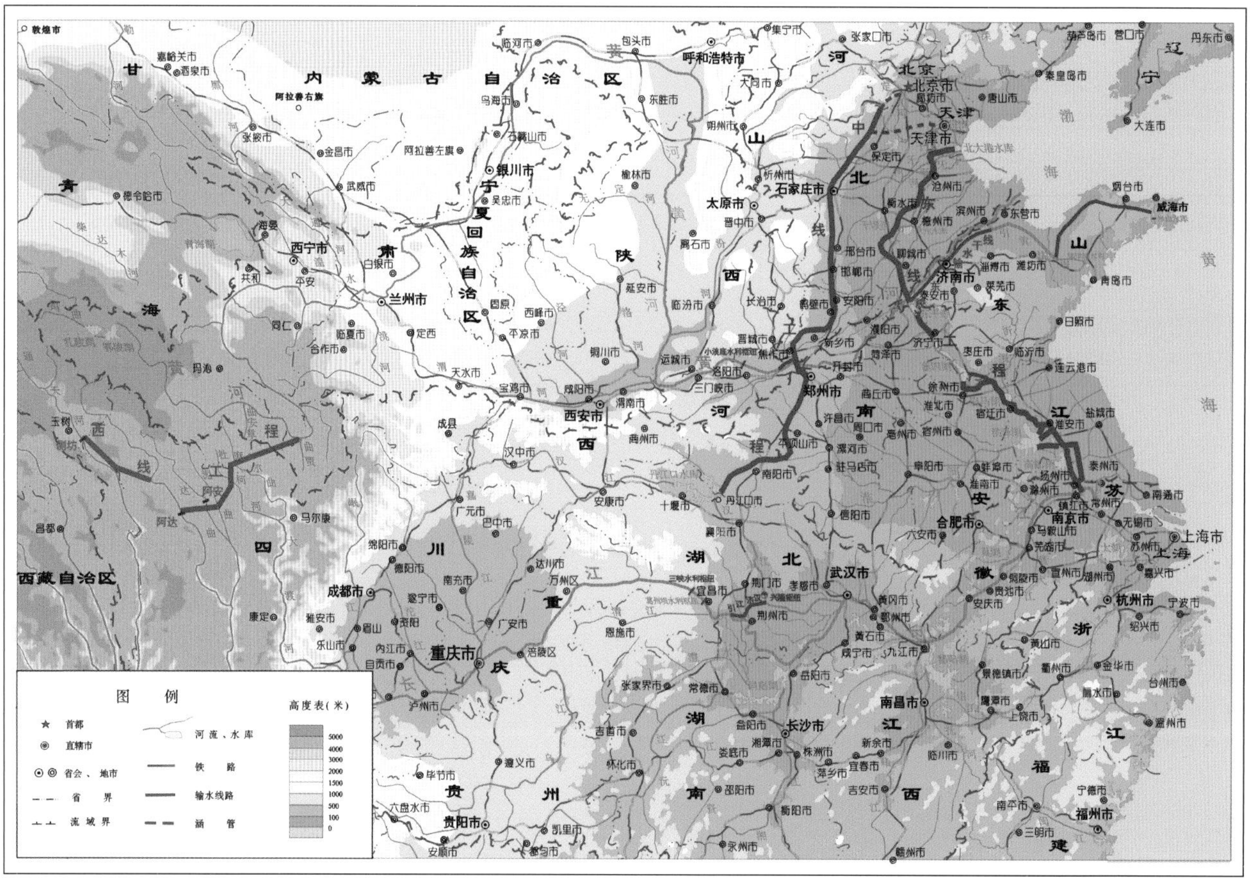

南水北调工程总体布局图

东线工程规划

东线工程规划从位于长江下游的江苏省扬州市江都区抽引长江水，利用京杭大运河及其平行的河道，通过 13 级泵站逐级提水北送，并连接起调蓄作用的洪泽湖、骆马湖、南四湖、东平湖，出东平湖后分两路输水：一路向北过黄河，到达天津，输水干线 1156 千米；另一路向东，向胶东半岛输水，最东到达烟台、威海，输水干线 701 千米。一期工程向沿线江苏、安徽、山东三省供水，年调水规模 87.7 亿立方米，扣除江苏省现有江水北调的能力后，新增抽江水量 39 亿立方米。二、三期工程将扩大调水规模，供水范围也将向北扩至河北、天津。

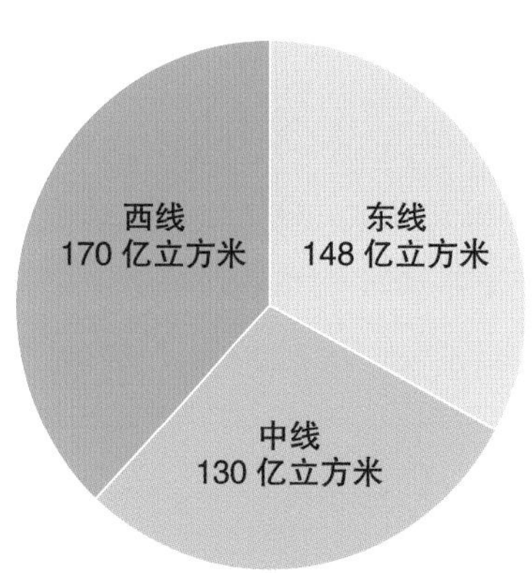

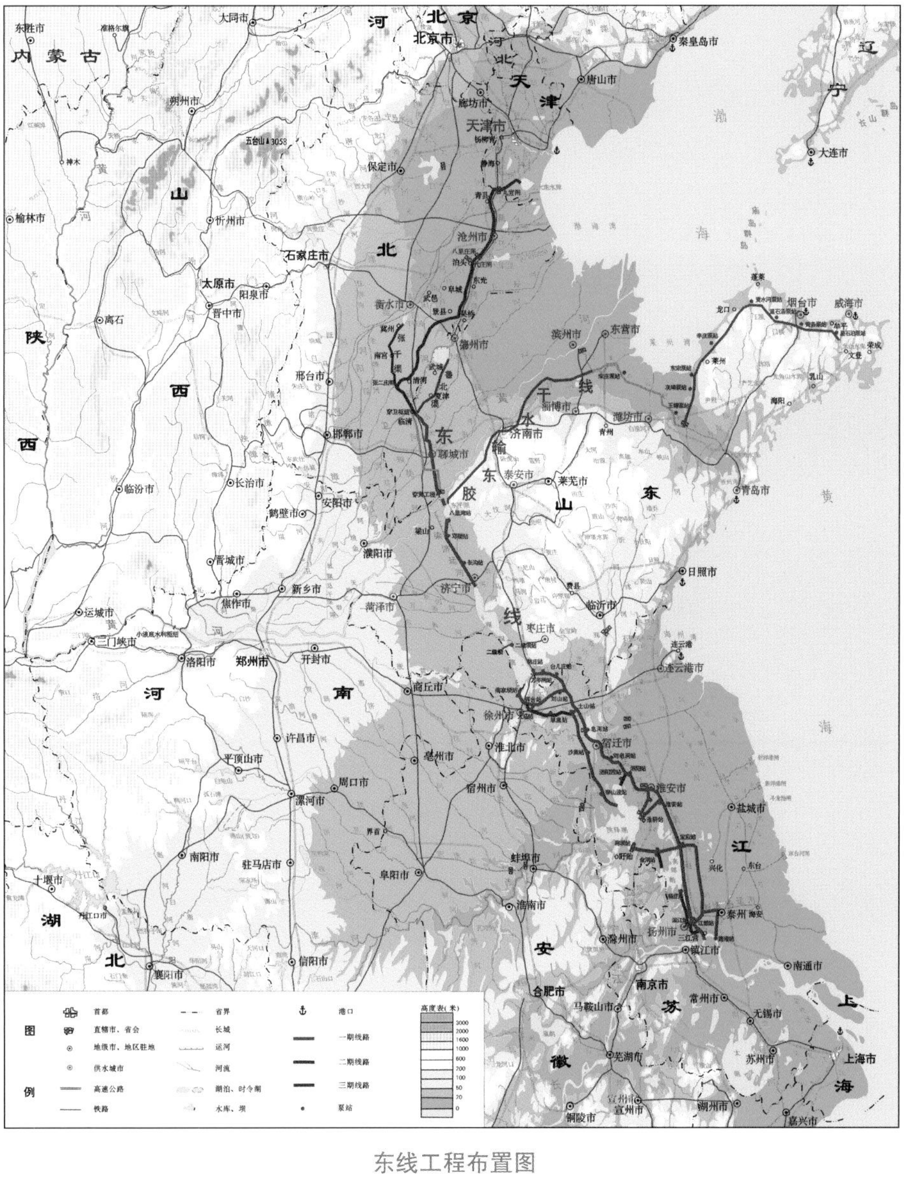

总规模：448 亿立方米

南水北调工程规划调水规模

东线工程布置图

中线工程规划

中线工程规划从河南南阳陶岔渠首引丹江口水库水北上，全程自流到达北京、天津，主要向沿线的河南、河北、北京、天津供水。一期工程兴建 1267 千米输水干线和 155 千米天津干线，多年平均年调水量为 95 亿立方米；二期工程在一期工程基础上，扩大输水能力 35 亿立方米，多年平均调水规模预计 130 亿立方米。

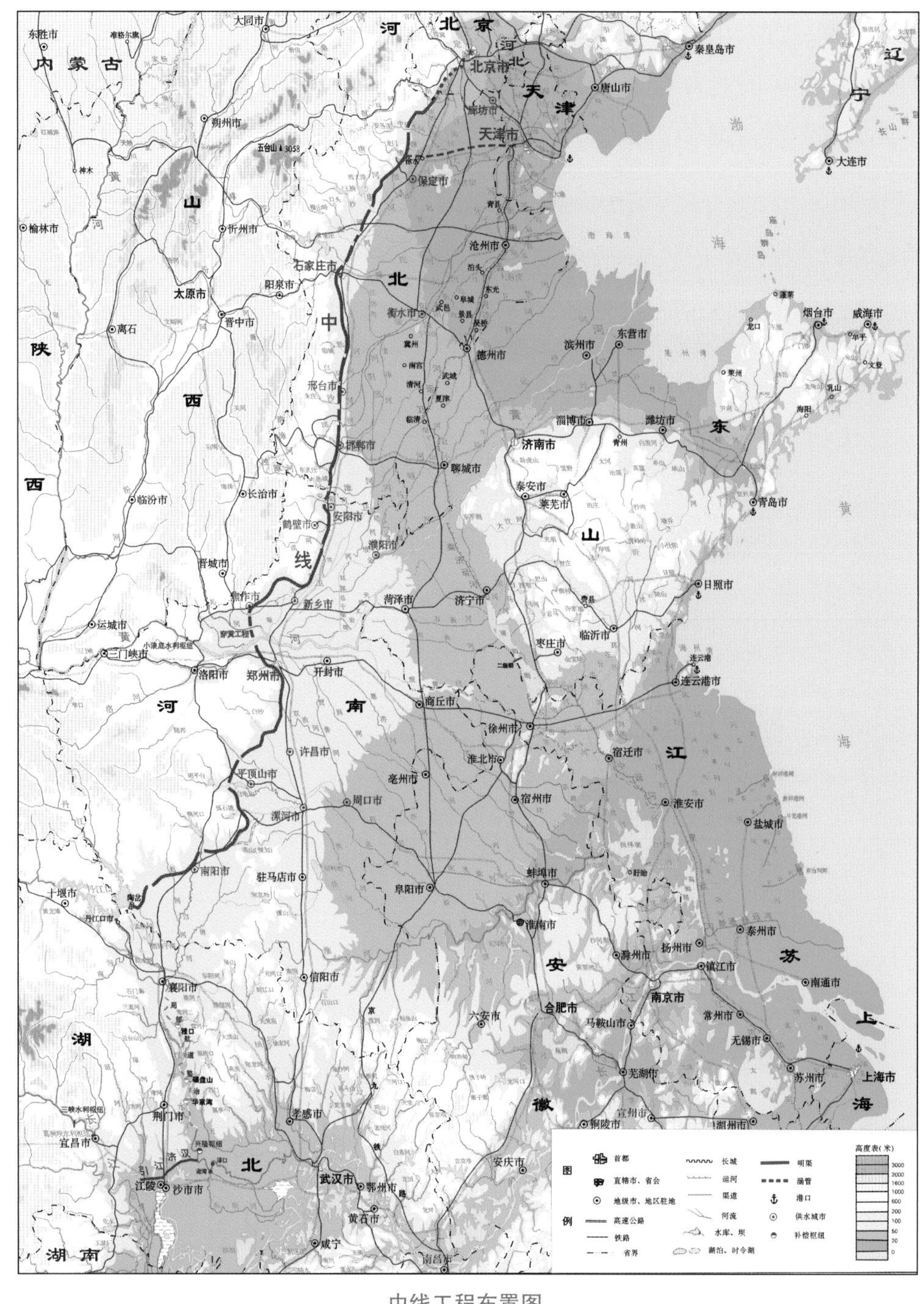

中线工程布置图

西线工程规划

西线工程规划从长江上游调水入黄河上游，主要解决涉及青海、甘肃、宁夏、内蒙古、陕西、山西六省（自治区）黄河上中游地区和渭河关中平原的缺水问题。一期工程年调水 40 亿立方米；二期工程增加年调水 50 亿立方米；三期工程增加年调水 80 亿立方米，多年平均调水规模为 170 亿立方米。

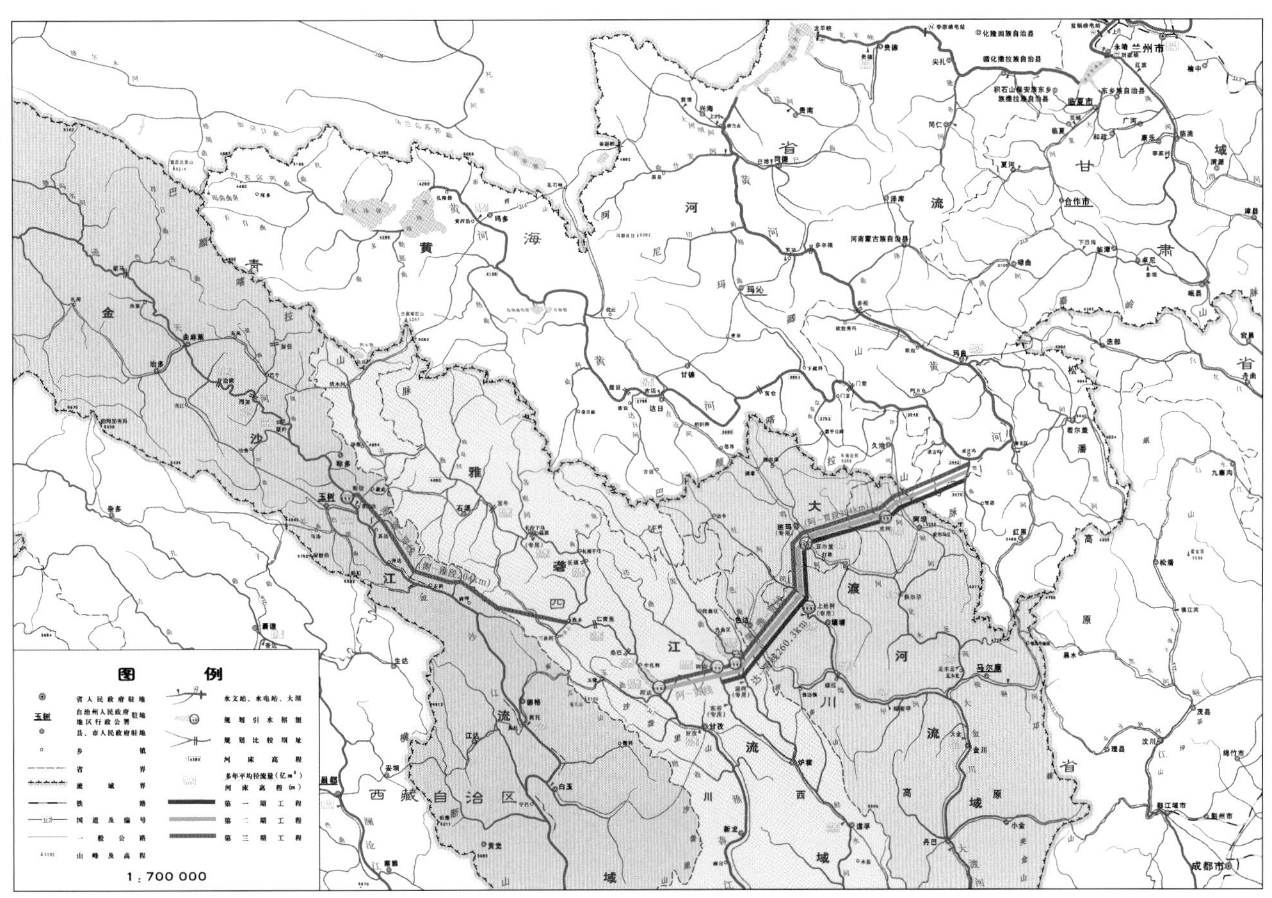

西线工程布置图

工程建设篇

南水北调工程是目前世界规模最大的引调水工程。工程横跨长、淮、黄、海四大流域，干线南北延绵一千多公里，在设计、建设、监管、协调等方面面临诸多世界级难题，其规模及难度国内外均无先例。在工程建设者十余年艰苦卓绝的努力下，探索建立高效健全的管理体制，有力有序开展重大课题攻坚、移民搬迁、治污环保、文物保护等工作，解决了一系列世界级工程技术难题，创造了多项奇迹。这些成果在国内外发挥着重要的借鉴作用。

东线、中线一期工程概况

2002 年 12 月 27 日，南水北调工程开工。南水北调东、中线工程纵贯湖北、河南、河北、江苏、山东、天津、北京七省（直辖市），不仅是一项宏大的调水工程，也是一项浩大的民生工程。

东、中线一期工程全长 2899 千米，与数百条河流、50 多条铁路和 1800 多条公路交叉。建筑物众多，施工难度大，面临许多世界级技术难题。

历经十余年艰苦奋战，东线一期工程于 2013 年 11 月 15 日正式通水，中线一期工程于 2014 年 12 月 12 日正式通水。

2014 年国务院批复核定东、中线一期工程投资总规模为 3082 亿元，加上沿线各省市配套工程投资，工程总投资超过 5000 亿元。

2013 年 11 月 15 日，东线一期工程正式通水，长江水通过宝应泵站北上

2014 年 12 月 12 日，中线一期工程正式通水，丹江口一库清水流过陶岔渠首

东线一期工程

南水北调东线一期工程以江都水利枢纽为起点，利用现有工程及河道、湖泊抽长江水，经京杭大运河、洪泽湖、骆马湖、南四湖、东平湖，穿过黄河后自流，输水干线全长 1467 千米。工程任务是从长江下游调水到胶东半岛和鲁北地区，补充山东、江苏、安徽三省输水沿线地区的城市生活、工业和环境用水，兼顾农业、航运和其他用水。

南水北调东线源头石碑

南水北调东线水源地长江三江营

江都水利枢纽

江都水利枢纽工程位于江苏省扬州市京杭大运河、新通扬运河和芒稻河的交汇处，是南水北调东线工程的起点，也是东线第一梯级抽江泵站之一。设有 4 座泵站，总装机 33 台，总装机容量 49800 千瓦，设计流量 400 立方米 / 秒，具有调水、排涝、泄洪、通航、发电、改善生态环境等综合功能。其中，江都三站、四站为南水北调东线一期更新改造工程，均采用肘形进水流道、虹吸式的出水流道、真空破坏阀的断流方式。

江都水利枢纽

宝应站

宝应站位于江苏省扬州市宝应县汜水镇境内、潼河与里运河交汇处，是南水北调工程第一个开工、第一个完工、第一个发挥工程效益的项目，与江都水利枢纽共同组成东线第一梯级抽江泵站。工程等别为 Ⅰ 等，规模为大（1）型泵站。泵站设计流量 100 立方米 / 秒，设计扬程 7.6 米，总装机容量 13600 千瓦。泵站采用肘形进水流道、虹吸式的出水流道、真空破坏阀的断流方式。

宝应站

泗洪站枢纽

泗洪站在运河西线上，是东线第四梯级泵站之一，工程建于江苏省宿迁市泗洪县朱湖镇东南的徐洪河输水线上、洪泽湖顾勒河口上游约 16 千米处。工程等别为 Ⅰ 等，规模为大（1）型。工程主要功能是与睢宁、邳州泵站一起，通过徐洪河向骆马湖输水。泵站设计流量 120 立方米 / 秒，设计扬程 3.23 米，总装机容量 11200 千瓦。泵站采用平直管进出水流道、液压快速闸门的断流方式。

泗洪站枢纽

金宝航道

金宝航道工程位于江苏省扬州市宝应县和淮安市金湖县、盱眙县、洪泽县和省属宝应湖农场境内，该航道是沟通里运河与洪泽湖，串联金湖站和洪泽站，承转江都站、宝应站抽引的江水，是运西线输水的起始河段，具有输水、航运、排涝、行洪综合功能。设计输水流量 150 立方米 / 秒，全长 30.88 千米。宝应湖地区的治涝标准为 5 年一遇，防洪标准为 20 年一遇。

金宝航道

蔺家坝泵站

蔺家坝泵站位于江苏省徐州市铜山县境内，是南水北调东线一期工程的第九梯级泵站，也是送水出江苏省的最后一级抽水泵站。工程等别为 I 等，规模为大（1）型。工程主要任务是通过不牢河线从骆马湖向南四湖调水，改善湖西排涝条件。泵站设计流量 75 立方米 / 秒，设计扬程 2.4 米，总装机容量 5000 千瓦。泵站采用平直管进出水流道、快速闸门的断流方式。

蔺家坝站

台儿庄泵站

台儿庄泵站位于山东省枣庄市台儿庄区境内，是南水北调东线一期工程的第七梯级泵站，也是进入山东省境内的第一梯级泵站。工程等别为I等，规模为大（1）型。工程主要任务是从骆马湖和中运河抽水通过韩庄运河向北输水，实现梯级调水目标，同时可结合解决台儿庄区面积25.9平方千米的排涝问题。泵站设计流量125立方米/秒，设计扬程4.53米，总装机容量为12000千瓦。泵站采用肘形进水流道、平直管式出水流道、快速闸门的断流方式。

台儿庄坝站

二级坝泵站

二级坝泵站位于山东省济宁市微山县境内，是南水北调东线一期工程的第十梯级泵站，也是山东省境内第四梯级泵站。工程等别为I等，规模为大（1）型。工程主要任务是将水从南四湖下级湖提至上级湖，实现南水北调东线工程的梯级调水目标。泵站设计流量125立方米/秒，设计扬程3.21米，总装机容量8250千瓦。安装抓斗式清污机1台。泵站采用平直管进出水流道、快速闸门的断流方式。

二级坝泵站

八里湾泵站枢纽

八里湾泵站位于山东省东平县商老庄乡八里湾村北，是南水北调东线一期工程的第十三梯级泵站，也是黄河以南输水干线最后一级泵站，被称作“东线至高点”，自此向北，工程输水开始自流。工程等别为 I 等，规模为大（1）型。工程主要任务是抽引前一级邓楼泵站的来水入东平湖，并结合东平湖新湖区的排涝。泵站设计流量 100 立方米 / 秒，设计扬程 4.78 米，总装机容量为 11200 千瓦。泵站采用肘形进水流道、平直管式出水流道、快速闸门的断流方式。

八里湾泵站

长沟泵站

邓楼泵站

济平干渠

济平干渠输水线路自东平湖渠首引水闸引水后，途经泰安市的东平县，济南市的平阴县、长清区和槐荫区至济南市西郊的小清河睦里庄跌水，输水线路全长90.06千米，是第一个建成并发挥效益的单项工程。输水渠设计流量为50立方米/秒，加大流量为60立方米/秒；渠首引水闸按远期供水规模建设，设计流量为90立方米/秒，加大流量为100立方米/秒。

济平干渠

大运河航道

东线工程利用京杭大运河以及与其平行的河道输水。南水北调东线通水以来，工程持续调水稳定了航道水位，改善了通航条件，增加了货运吨位，提高了通航能力和航运安全保障。

大运河航道

大屯水库

大屯水库是南水北调东线一期工程鲁北段工程的调蓄水库，位于德州市武城县恩县洼内、鲁北输水干线末端，是南水北调东线一期工程最北端，主要向德州市德城区和武成县城区供水，年供水规模为 12502 万立方米。水库为平原水库，围坝为均质土坝，大致呈四边形，坝长 8914 米。大屯水库工程总占地面积 6.489 平方千米，设计最高蓄水位 29.8 米，最大库容 5209 万立方米。

大屯水库

东线北延应急供水工程

东线北延应急供水工程是缓解华北地区地下水超采状况、改善补水区生态环境和保障京津冀地区供水安全的重要措施，北延应急工程年最大可供水量 5.5 亿立方米，多年平均可供水量 3.5 亿立方米。供水线路经东线一期工程山东境内小运河输水至邱屯枢纽，分东、西两条路线输水入南运河后，继续向下游输水至九宣闸。东、西线全长 695 千米。该工程于 2019 年 11 月 28 日在山东临清开工，2021 年 3 月主体完工并通过通水验收，5 月 10 日首次向河北、天津供水。

2019 年 11 月 28 日，东线北延应急供水工程开工

2021 年 3 月 19 日，东线北延应急供水工程顺利完成主体工程建设

中线一期工程

中线一期工程以 2010 年为规划水平年，供水目标以北京、天津、河北、河南四省（直辖市）主要城市生活、工业供水为主，兼顾生态和农业用水。受水区国土面积约 15 万平方千米，主要供水范围为：北京市，天津市，河北省的石家庄、邯郸、沧州、邢台、保定、衡水、廊坊等，河南省的南阳、平顶山、漯河、周口、许昌、郑州、焦作、新乡、鹤壁、安阳、濮阳等。

中线一期工程由水源工程、输水工程和汉江中下游治理工程三部分组成。

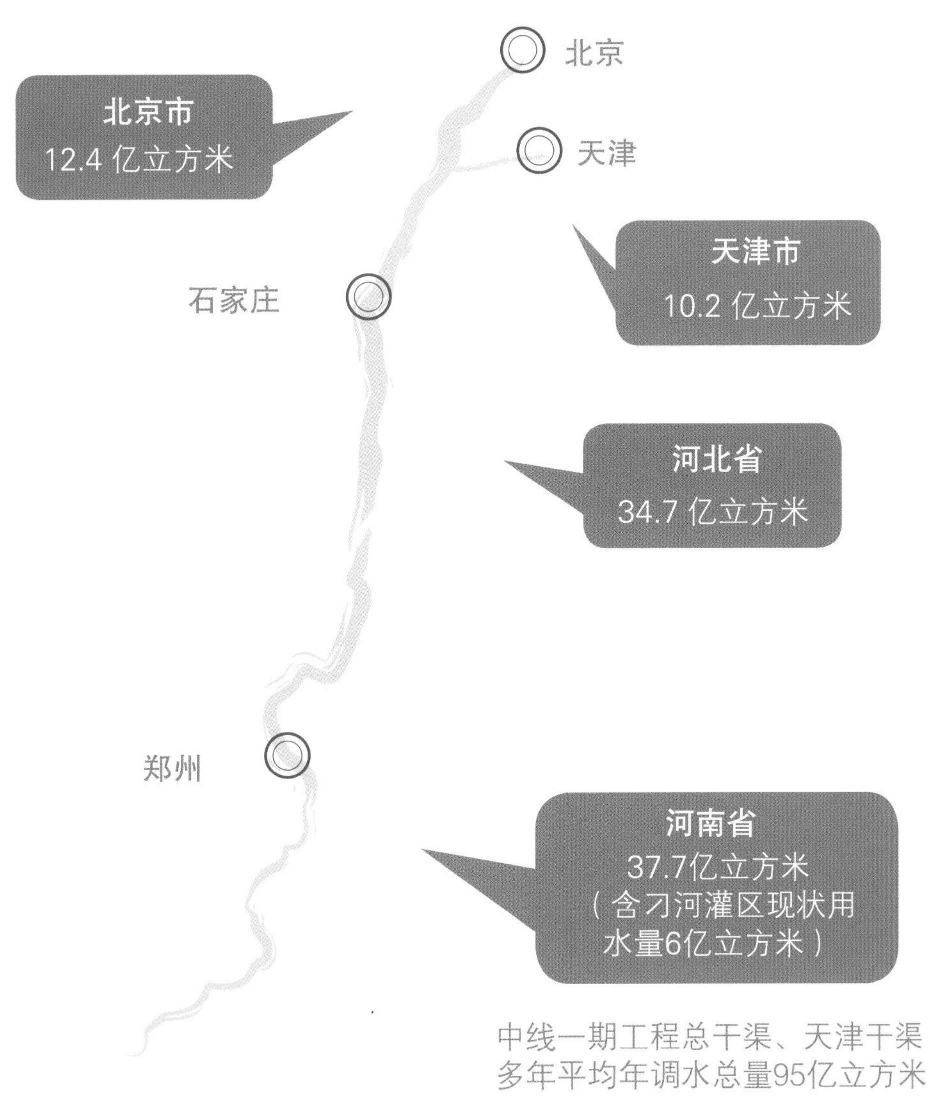

中线一期工程调水分配水量

世界首例大管径输水隧洞近距离穿越地铁下部
西四环暗涵工程（北京）

穿越集水面积 10 平方千米以上的河流
219 条

河渠交叉建筑物
206 座

左排建筑物
476 座

渠渠交叉建筑物
128 座

隧洞
9 个

节制闸
64 个

控制闸
60 个

分水闸
95 个

退水闸
54 个

泵站
1 座

跨越铁路
51 处

跨渠桥梁
1258 处

国内最深的调水竖井
穿黄工程竖井（河南）

国内穿越大江大河直径最大的输水隧洞
穿黄工程隧洞（河南）

世界规模最大的 U 型输水渡槽工程
湍河渡槽工程（河南）

世界水利移民史上最大强度的移民搬迁
丹江口库区移民搬迁（湖北、河南）

国内规模最大的大坝加高工程
丹江口大坝加高工程（湖北）

水源工程

按照设计单元划分，水源工程包括丹江口大坝加高工程及陶岔渠首枢纽工程。

丹江口大坝加高工程

丹江口水库位于湖北省丹江口市境内，地处汉江中上游，水域横跨湖北、河南两省，是亚洲第一大人工淡水湖，也是南水北调中线工程的水源地。加高后，丹江口大坝正常蓄水位从 157 米提高至 170 米，混凝土坝坝顶高程由 162 米加高至 176.6 米，增加库容 116 亿立方米，总库容达 339.1 亿立方米，工程完成后任务调整为以防洪、供水为主，结合发电、航运等综合利用。

丹江口水库石碑

加高后的丹江口水库大坝

陶岔渠首枢纽

陶岔渠首枢纽工程位于河南省南阳市淅川县九重镇陶岔村，既是南水北调中线输水总干渠的引水渠首，也是丹江口水库的副坝。中线一期工程通水后，陶岔渠首成为向京津冀豫等地区送水的“水龙头”。工程设计流量为350立方米/秒，加大流量可达420立方米/秒。陶岔渠首枢纽工程建筑物主要有引渠、重力坝、引水闸、消力池、电站厂房等。

陶岔渠首枢纽

输水工程

输水工程总干渠南起陶岔渠首，北至北京团城湖及天津市，总长 1432 千米，其中渠首至北拒马河段长 1196 千米，采用明渠输水；北京段长 80 千米，采用 PCCP 管及暗涵输水；天津干线全长 156 千米，采用暗涵输水。

湍河渡槽

湍河渡槽位于河南省邓州市，全长 1.03 千米，是世界上规模最大的 U 型输水渡槽，设计流量为 350 立方米 / 秒，加大流量为 420 立方米 / 秒。槽身为相互独立的 3 槽预应力混凝土 U 型结构，内径为 9 米，单跨跨度为 40 米，质量达 1600 吨，共 18 跨，是南水北调中线工程中单跨跨度最长、施工难度最大的一项渡槽工程。

建设中的湍河渡槽

输水后的湍河渡槽

沙河渡槽

沙河渡槽工程位于河南省平顶山市鲁山县境内，担负向沙河以北地区的输供水任务。工程总长 11.938 千米，是世界上薄壁预应力混凝土最长的渡槽。渡槽单槽质量达 1200 吨，是世界上最重的吊装渡槽。工程首次采用 U 型双向预应力结构和现场预制架槽机架设施工方法，由于大跨度薄壁双向预应力结构的槽身空间受力复杂，所以架设难度极大。沙河渡槽因多项工程指标排名世界第一，而被誉为“世界第一渡槽”。

建设中的沙河渡槽

通水后的沙河渡槽

穿黄工程

穿黄工程位于郑州市以西约 30 千米的孤柏山湾处，工程主要任务是安全有效地将中线调水从黄河南岸输送到黄河北岸。工程开凿两条 4250 米长的隧洞穿越黄河，隧洞内径 7 米，最大埋深 35 米，具有内、外两层结构衬砌，分别承受内、外水的压力。设计流量为 265 立方米 / 秒，加大流量为 320 立方米 / 秒。穿黄工程是国内首例采用盾构方式穿越黄河的工程，开创了我国水利水电工程水下隧洞长距离软土施工新纪录。

穿黄工程进口

航拍穿黄工程

岗头隧洞

岗头隧洞工程位于河北省保定市满城区，是南水北调中线京石段应急供水工程重要控制性工程之一。隧洞采用双洞布置方案，洞身段 1.65 千米，为无压圆拱直墙段面，主要由进口段、洞身段、出口段三部分组成。隧洞设计流量为 125 立方米 / 秒。

岗头隧洞

干线工程天津段

中线干线工程天津段始于位于河北省保定市徐水区的西黑山节制闸，总体走向由西向东，沿线经过河北省保定、廊坊 8 个县市和天津市武清、北辰、西青 3 区，全长约 156 千米，采用无压接有压地下钢筋混凝土箱涵输水，设计流量为 50 立方米 / 秒，加大流量为 60 立方米 / 秒。

中线干线天津管理处（航拍）

西黑山节制闸及天津干线

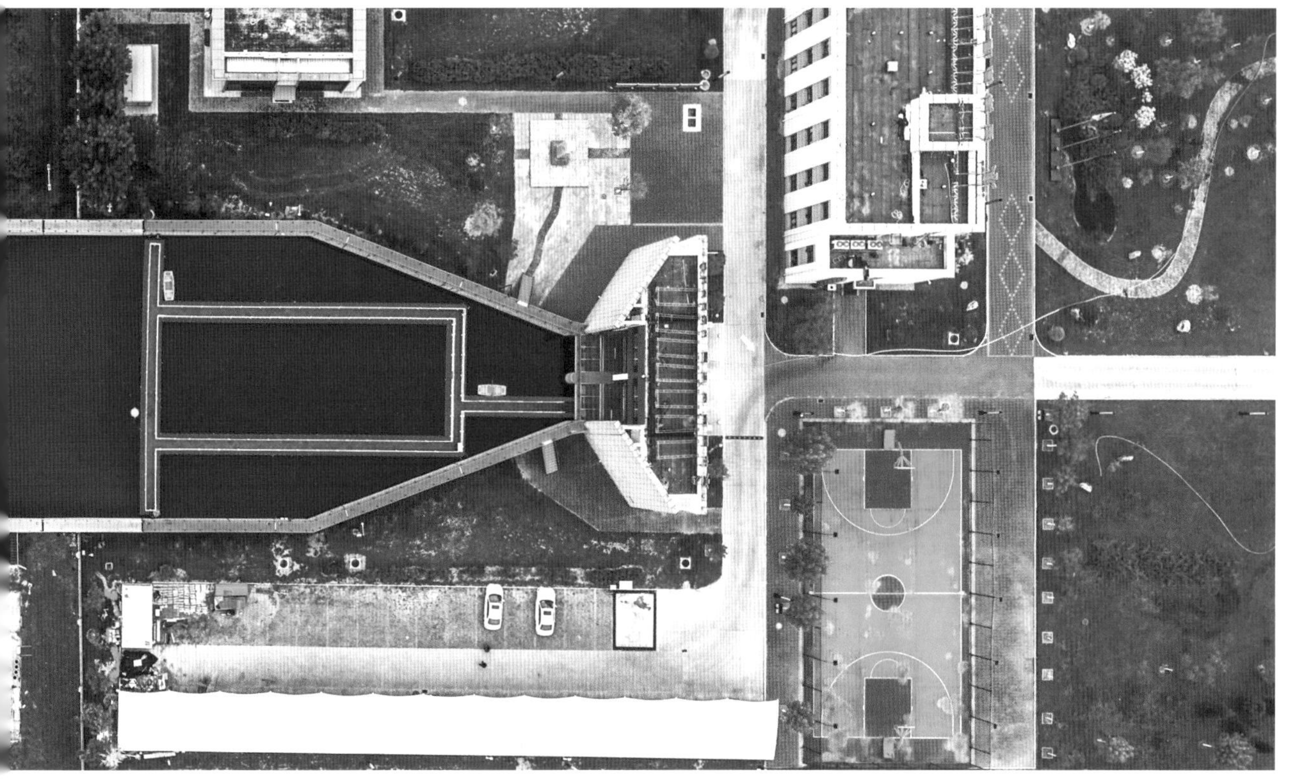

中线京石段应急供水工程北京段

南水北调中线京石段应急供水工程起点为河北省石家庄市古运河，终点为北京市颐和园团城湖。工程利用河北省岗南、黄壁庄等水库向北京应急供水。工程按立交输水布置，在河北境内以明渠输水为主，在北京境内以暗涵输水为主，工程线路长度 307.5 千米。工程于 2008 年 9 月建成通水，北京也因此成为中线工程沿线各省市中工程建成最早、发挥效益最早的城市。

北京段工程起点自房山拒马河，经房山区，穿永定河，过丰台区，沿西四环路北上，至终点颐和园团城湖，全长 80 千米。由于北京市内市政设施密集，无法进行大规模的拆迁和开挖施工，并且明渠水质保护难度很大，所以北京段除大宁调节池和 885 米长的团城湖明渠外，其他全部采用地下管涵输水方式。

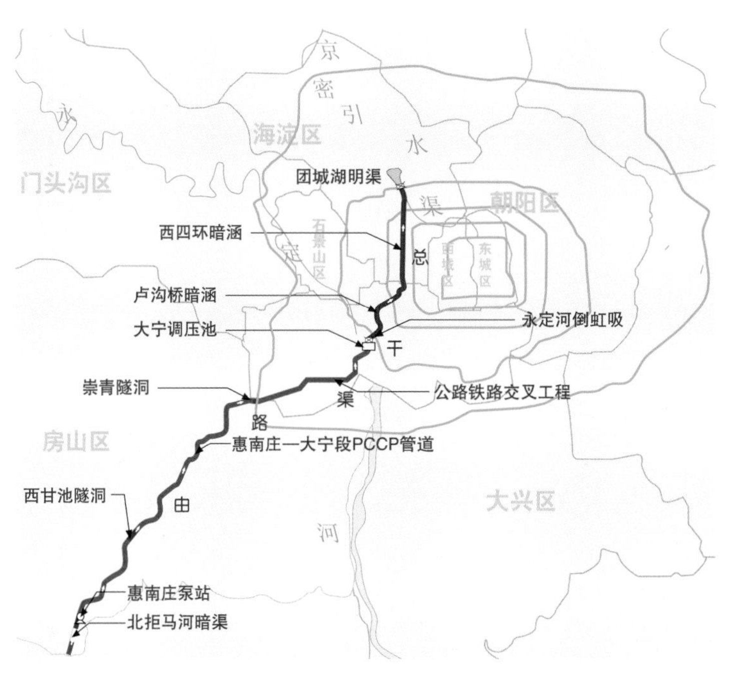

干线工程北京段工程示意图

惠南庄泵站位于北京市房山区大石窝镇惠南庄村东，与河北省涿州市相邻，距北京市区约 60 千米，是南水北调中线一期工程总干渠上唯一一座大型加压泵站，为远来的长江水提供了“大心脏”，是北京段实现小流量自流、大流量加压输水的关键性建筑物。

团城湖明渠位于北京市海淀区四季青镇船营村，是总干渠北京段的末端，是南水北调中线一期工程的终点，也是北京段唯一的一段输水明渠。渠道全长 885 米，上接西四环暗涵出口闸，经过金河、金河路和船营村，穿过颐和园围墙后，与团城湖下游京密引水渠相连。此处建有南水北调工程纪念广场。

惠南庄泵站——南水北调中线干线工程总干渠上唯一一座大型加压泵站

大宁调压池

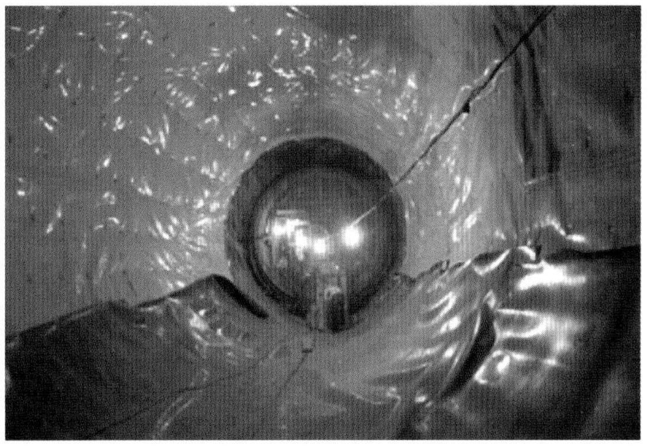

中线京石段穿五棵松地铁暗涵施工

团城湖明渠

汉江中下游治理工程

调水后丹江口水库下泄水量减少，势必对汉江中下游地区两岸取水及航运产生一定的影响。鉴于调水对汉江中下游的影响，并考虑环境问题的复杂性和敏感性，决定在汉江中下游兴建四项补偿性的治理工程，即兴隆水利枢纽、引江济汉、部分闸站改造和局部航道整治工程。

兴隆水利枢纽

兴隆水利枢纽位于湖北省潜江高石碑镇与天门鲍嘴交界处，是南水北调中线一期汉江中下游治理工程的重点工程。工程主要任务是枯水期抬高兴隆库区水位，改善两岸灌区的引水条件和汉江通航条件，兼顾旅游和发电。兴隆枢纽工程属平原河道型低水头闸坝型水库，枢纽轴线长 2835 米，与三峡工程相当。导流明渠长度约 5000 米，比三峡工程导流明渠长 1000 多米。工程规划灌溉面积 327.6 万亩，过船吨位 1000 吨，年发电量可达 2.25 亿度。

兴隆水利枢纽

引江济汉工程

引江济汉工程是南水北调一期汉江中下游治理工程的重点工程，从长江荆江河段引水至汉江高石碑镇兴隆河段。渠道全长约 67.23 千米，设计流量 350 立方米 / 秒，最大引水流量 500 立方米 / 秒，年平均输水 31 亿立方米，其中补汉江水量 25 亿立方米，补东荆河水量 6 亿立方米。工程改善了汉江兴隆以下河段的生态、灌溉、供水、航运用水条件。

引江济汉进口节制闸闸门全开，超设计流量引水

引江济汉工程

| 工程治污与环保 |

南水北调工程调水的水质以及调水区水资源减少带来的生态影响，都是工程供水受益区和工程影响区关注的问题，是南水北调工程论证、规划、建设和运行各阶段必须认真研究和妥善解决的重大问题。

国务院在批复《南水北调工程总体规划》时，明确“先节水后调水、先治污后通水、先环保后用水”的原则。以“三先三后”为指导，南水北调工程在进一步加大节水力度、防治水污染、加强污水资源化的基础上，确定调水规模，避免大调水、大浪费、大污染。重点是加强东线调水沿线水污染治理和中线水源地丹江口库区及上游水源保护，保证调水水质。

南水北调工程在具体设计、建设实施和运行管理中，始终把生态与环境保护放在突出地位，通过制定和实施一系列的治理规划和政策措施，解决东线沿线严重的水污染问题、改善中线水源区水环境质量、构建受水区与水源区对口协作和互利共赢机制，努力使工程沿线的水质保护、节约用水与区域经济社会发展相协调。

中线工程水源区保护丹江口水库一库清水

东线工程沿线泗河马家河段治理后河水清澈见底

东线治污工程

南水北调东线处于经济较发达的东部地区，湖泊和河道水污染一度相当严重。按照“三先三后”原则，在通水之前必须将沿线污染治理好，使东线工程输水干线全线水质达到地表水Ⅲ类标准。为此，国务院批复实施了《南水北调东线工程治污规划》。国家有关部门和江苏、山东两省人民政府把节水、治污、生态环境保护与调水工程建设有机结合起来，建立治污体系，保证工程水质达标。经过近 10 年的综合治理，自 2012 年 11 月起，东线黄河以南段各控制断面水质全部达到规划目标要求，输水干线达到地表水Ⅲ类标准，为保障输水干线水质安全奠定良好基础。昔日污染严重、臭气熏天的臭水沟也变成了清澈见底、鱼鸟成群的生态廊道。经生态环境部监测，南水北调东线输水干线水质持续稳定达到地表水Ⅲ类标准。

已建成的山东省鱼台县唐马河截污导流工程

东线工程江苏 22 个市（县、区）加大城镇生活污水处理设施建设力度，全力保障工程水质安全

江都市截污导流工程

江都市截污导流工程

江都市截污导流工程主要是在江都市城区污水收集处理的基础上，新建尾水提升泵站和尾水输送管道，将进入三阳河、新通扬运河的江都市清源污水处理厂尾水输送至长江主江堤外窦桥港。工程设计尾水排放规模为 4 万吨 / 日。工程于 2007 年 12 月 10 日开工建设，2010 年完成全部专项验收和竣工验收工作，正式投入运行。

淮安市截污导流工程

淮安市截污导流工程主要是将清浦、清河、开发区现状直接排入大运河、里运河的污水截流，送至污水处理厂集中处理后，尾水通过清安河排入淮河入海水道南泓。淮河入海水道通过建设尾水导流入海湿地处理工程，对尾水进一步生态处理后东排入海，有效改善南水北调输水干线大运河及里运河淮安城区段水质及水环境。工程于 2007 年 11 月开工建设，2018 年 10 月竣工并通过验收。

徐州市截污导流工程

徐州市截污导流工程主要是利用现有河渠和新开渠道等，建立运河沿线区域尾水“蓄存、导流、回用”体系，将京杭运河不牢河段、中运河邳州段、房亭河等对南水北调东线工程有影响的区域尾水统筹考虑，对尾水进行收集、回用、导流，剩余尾水从大马庄涵洞处入新沂河北偏泓入海。工程于 2008 年 10 月 25 日开工建设，至 2011 年 3 月竣工，主体工程通水。

徐州市截污导流工程

南四湖清淤工程

南水北调东线一期南四湖至东平湖段输水与航运结合工程，因沿线除涝排水形成局部淤积浅点，通过实施清淤疏浚工程，保证调蓄和通航能力。

南四湖清淤现场

济平干渠绿化带建设

作为南水北调东线一期工程的重要组成部分，济平干渠工程是向胶东输水的首段工程。该工程建成后，渠道两侧绿化带植树 56 万余株，种植绿化草皮 300 万平方米，成为当地一道靓丽风景。

济平干渠两侧绿化带建设

滕州湿地建设

素有“中国荷都”之称的微山湖红荷湿地位于山东省枣庄市滕州市，湖域面积60平方公里。南水北调东线一期工程实施后，微山湖成为调水线路上重要的调蓄水库和调水通道。为确保一泓清水北上，山东省滕州市积极实施微山湖红荷湿地退岸还湿、退渔还湖、退耕还林工程，构筑“清水走廊”的“生态屏障”。通过实施“三退三还”工程、恢复植被及鸟类栖息地、生态补水、污染防治等措施进行综合治理后，沿湖湿地成为颇具特色的“天然氧吧”和观光旅游、休闲度假的诗意家园。

治理后的山东滕州湿地公园

中线水源区综合性保护

南水北调中线工程开工之前，丹江口库区水质总体趋于下降。随着沿线地区经济社会快速发展，污染物排放量不断增加，库区水质下降趋势更加明显。

丹江口水库

为确保中线调水水质安全，自2006年起，国务院先后批复实施了《丹江口库区及上游水污染防治和水土保持规划》《丹江口库区及上游水污染防治和水土保持“十二五”规划》《丹江口库区及上游地区经济社会发展规划》《南水北调中线一期工程干线生态带建设规划》，原国务院南水北调办、原环境保护部、水利部、原国土资源部联合印发了《关于划定南水北调中线一期工程总干渠两侧水源保护区工作的通知》，加强水源区水环境的治理与保护。

国务院还批复实施了水源区生态补偿、受水区与水源区的对口协作政策。沿线各级政府强力推进水质保护和水污染防治工作，推进水区、县级及库周重点乡镇污水、垃圾处理设施建设全覆盖等工作。经过中央、省、市、县四级政府的共同努力，入库河流水质明显改善，丹江口水库和中线干线工程供水水质稳定在地表水水质Ⅱ类标准及以上。

2012 年 6 月 20 日，国务院南水北调办主任鄂竟平察看丹江口水库水质

2007 年 10 月 11 日，丹江口库区及其上游水土保持工程在安康市启动

陕西省安康市汉阴县小堰沟流域治理工程

建设中的丹江口库区及其上游水土保持工程

丹江口库区及其上游群众积极参加水土保持工程建设

湖北省十堰市泗河污水处理厂尾水净化人工快渗工程

河南省西峡县东官庄小流域治理工程

丹江口水库水质得到保护

中线工程总干渠两侧绿化带建设

陶岔渠首的清水衬出白云

陶岔水质自动监测站

北京团城湖清水潺潺

征地移民

移民是一道世界性难题，向来被称为“天下第一难”。南水北调东、中线一期工程线路长，需要永久征地数量多，移民及搬迁群众约43.5万人。为顺利推进移民工作，保障工程建设稳步实施，南水北调移民工作实行“建委会领导、省级政府负责、县为基础、项目法人参与”的管理体制，形成了一级抓一级、层层抓落实、指挥强有力的工作格局，营造了移民“积极搬迁、主动搬迁、要求搬迁”的良好局面。

2008年6月，国务院南水北调办在郑州召开南水北调工程征地移民工作会议

国务院南水北调工程建设委员会及国务院南水北调办制定出台了《南水北调工程建设征地补偿和移民安置暂行办法》《关于南水北调工程建设中城市征地拆迁补偿有关问题的通知》《关于南水北调工程建设征地有关税费计列问题的通知》《南水北调干线工程征迁安置验收办法》等一系列政策、规定，为南水北调工程征地移民工作提供了有效制度保障。

2009年8月，天津市南水北调办组织征地拆迁工作培训

2010年6月，河南省南水北调丹江口库区第一批移民搬迁启动

湖北十堰郧阳柳陂移民新村

南水北调工程沿线特别是城市征地拆迁补偿与当地征地拆迁标准之间的差额，由当地人民政府使用国有土地有偿使用收入予以解决；干线工程耕地开垦费，按各省、自治区、直辖市人民政府规定的耕地开垦费下限标准的70%收取；国家批准的土地补偿费和安置补助费之和为该耕地被征收前三年平均年产值的16倍。

沿线搬迁群众的住房建设，采用集中与分散相结合的方式，就地、就近后靠为主，按照自建、统建两种方式建设。生产生活安置以有土安置为主。

南水北调移民工作坚持以人为本的移民方针，创新安置方式，加强后续扶持，使移民真正“心安”“身安”“业安”。

2006年5月，河北省保定市顺平县蒲上镇蒲王庄村对京石段工程征迁补偿实物量及标准进行公示

2009年2月，江苏省刘老涧二站征迁实物量复核

湖北省外迁移民在枣阳市惠湾移民安置点仔细选点

干线征迁

东、中线一期干线工程涉及北京、天津、河北、江苏、山东、河南、湖北、安徽 8 省（直辖市）的 37 个大中城市、150 多个县、3000 多个行政村（居委会），规划用地近百万亩，涉及拆迁群众 9 万人。

为提高建设用地交付质量，沿线各省市加快征地补偿款兑付、地面附着物迁建、搬迁群众生活安置及生产用地调整，减少因征迁工作不到位、兑付不彻底可能引起的阻工事件发生。同时，加强弃土场、弃渣场、桥梁引道引桥用地、路桥绕行道路用地等临时用地保障，确保工程方案确定后，一个月内交付临时用地。

沿线各省市积极开展群体性事件隐患排查和矛盾纠纷化解工作，做好上访群众的接访工作，耐心细致地做好上访群众的解释和劝返说服工作；对于群众反映的问题，严格按照国家有关政策和程序，及时做好信访答复解释和问题处理工作，及时化解基层征迁中的矛盾纠纷，为工程建设营造了良好的社会环境。经多方共同努力，实现了干线 9 万征迁群众平稳搬迁安置的目标。

北京市南水北调办研究拆迁方案

天津市征迁现场测量放线

2011 年 5 月，河南省征迁干部在许昌市朱阁田庄讲解征迁政策

2006 年 12 月，北京市卢沟桥东关村房屋拆迁

搬迁移民喜气洋洋走进新生活

2012 年，河南省辉县市南水北调总干渠征迁安置小区一角

丹江口库区移民

根据《南水北调中线一期工程总体可研报告》，丹江口大坝在现有基础上加高 14.6 米，坝顶高程加高到 176.6 米，水库正常蓄水位由 157 米提高到 170 米，相应淹没土地 46 万亩，需要搬迁安置移民 34.5 万人。

丹江口库区移民是继长江三峡移民之后最大的一次“国家行动”。湖北、河南两省加强组织协调，采取综合举措，创造了“四年任务、两年完成”的移民工作奇迹，顺利完成了世界水利移民史上最大强度的移民搬迁。

湖北省丹江口市移民在学习移民政策

齐心协力助搬迁

丹江口库区移民临行前再捧一把家乡的泥土

自愿搬迁的库区移民

乡亲们欢送外迁移民时，依依话别，难舍难分

库区移民有序搬迁

湖北省柳陂镇卧龙岗社区内安居民点一角

河南省第一批移民安置新村——新郑市观沟新村

移民幸福的笑容

到家了

奔向新家

移民学校里的笑声

从湖北省郧阳区安阳镇外迁到团风县黄湖小学的学生们在操场参加升国旗仪式

文物保护

南水北调工程穿越中国历史上众多重要的文化区域。中线工程沿线是东西两大文化板块之间的文化交汇地带，也是中华民族形成和发展的重要地带。这一带是史前时期的山前过渡地带，先秦时期商文化中心，春秋战国时期楚文化、郑韩文化、赵文化、燕文化的中心，东汉时期的文化重心，三国魏晋南北朝时期的文化中心，金、元、明、清文化的中心。东线工程在京杭大运河的基础上扩挖延伸，贯穿江苏、山东两省，送水至天津、河北，涉及齐鲁文化。

南水北调工程文物保护工作遵循“保护为主、抢救第一、合理利用、加强管理”的方针，贯彻“文物优先”理念，工程沿线各省文物部门积极努力，克服重重困难，多方筹措资金，力争文物保护先行，对于制约工程进度的文物点实施考古发掘清理；对于具有重要价值需要原址保护的文物，采取改变工程线路避让文物的做法，最大限度地保护了文物的环境信息。南水北调工程文物保护投资共计 11 亿元。

南水北调东线、中线一期工程共涉及文物 710 处

南水北调文物保护工作硕果累累，发现了涵盖中华文明各个阶段的遗存，出土了约 10 万件（套）珍贵文物。河南丹江口水库楚国贵族墓、新郑望京楼夏商时期城址，河北磁县东魏元祐墓，山东寿光双王城盐业遗址群、聊城土桥闸等多项考古发掘项目获得“全国十大考古新发现”。

依托南水北调工程文物保护出土文物，湖北南水北调博物馆（湖北省十堰市博物馆）、丹江口市新建博物馆、郑州博物馆等先后举办南水北调出土文物精品展，湖北南水北调博物馆开馆第一个月就免费接待观众 22 万人次。南水北调文物展成为地方对外宣传和市民了解当地历史的重要窗口。

南水北调工程文物保护的实施，培养了一批考古技术工人和文物技术工人，有力地促进了当地农民知识的更新和就业。此外，出土的一批极为珍贵的文物，增加了国家的不可贬值的有形资产，还将通过文化交流、商业展览、文物交流等不同形式，连续产生永久的经济效益。

丹江口库区文物发掘现场

东线一期工程文物保护成果

东线一期工程建设过程中，大运河沿线各地注重水利文化遗产发掘与保护，以及水利文化的传承与发展，采取增加水量、改善水质、提升区域水环境质量、提高通航能力等措施，使古老的大运河焕发了新的生机，并助力京杭大运河成功申报世界文化遗产。江苏、山东两省还创建了一批园林式水利管理单位，打造了一批水利风景名片，促进了沿线旅游资源的质量提升。

京杭运河航道宿迁段船来船往

骆马湖大运河“船”流穿梭

淮安里运河焕然一新

东线一期工程江苏段文物保护工作勘探面积超过 15.4 万平方米、发掘面积约 5.34 万平方米，维修保护地面文物 2 处，迁建地面文物点 1 处。揭示了旧石器时代、新石器时代、商周、两汉、唐宋至明清的各类遗址近 30 处，发掘出土墓葬 100 多座，出土各时代各类器物几千件。

山东段干渠及库区文物保护工作涉及文物点 67 处，勘探面积 220 万平方米，发掘遗址 39 处，发掘面积 9.3 万平方米。寿光双王城盐业遗址群、高青陈庄周代城址、阳谷七级码头和聊城土桥闸被评为“全国十大考古新发现”。

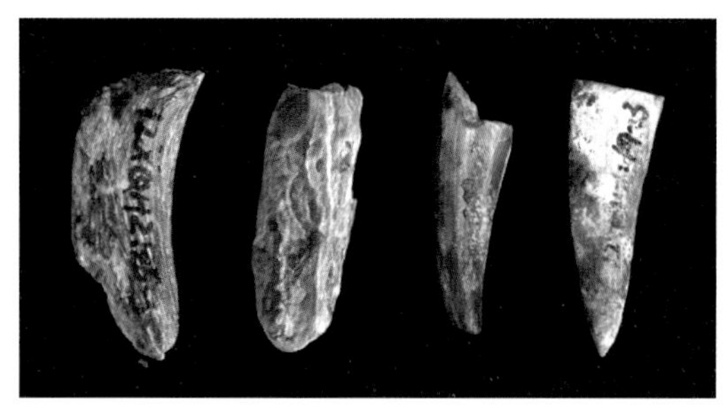
江苏省盱眙县戚嘴（七嘴）出土的古生物化石

山东省济南市长清区大街南墓地出土的汉画像石拓片

江苏省盱眙县戚洼汉代墓地出土的长沙窑执壶

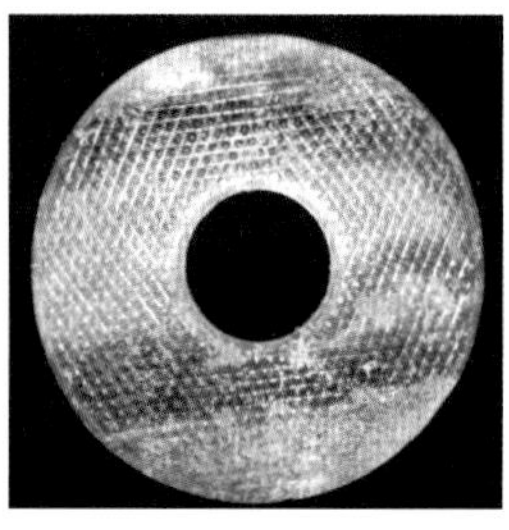
山东省程子崖东周汉唐遗址出土的玉璧

山东省济南市卢故城墓地出土的汉代陶勺

山东省聊城市东昌府区土桥闸遗址出土的镇水兽

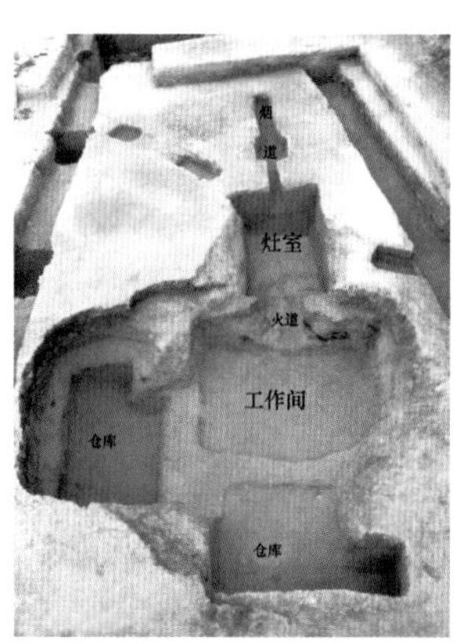

山东省寿光市双王城盐业遗址

商周宋元盐业遗址出土文物

江苏省板闸古粮仓遗址出土的墨书“碧霞宫”陶罐

江苏省邳州山头墓地出土的汉代铜镜

中线一期工程文物保护成果

南水北调中线一期工程文物保护范围包括丹江口库区、中线总干渠、湖北省汉江中下游治理工程涉及区域，湖北、河南两省文物局组织了全国各地近百家文物考古科研单位和高等院校，采取各种措施，对文物保护项目进行了抢救发掘和抢救性保护，取得一系列重要考古发现。

湖北省十堰市郧阳区滴水岩旧石器地点

南水北调工程丹江口水库淹没区考古发掘134处地下文物点，发掘面积33.4万平方米，出土各时期珍贵文物15余万件。中线总干渠段发掘地下文物点142处，其中7处为新发现的文物点，考古发掘面积达53万平方米，出土文物6.9万件（套）。湖北省汉江中下游治理工程涉及区域考古发掘面积7.337万平方米，抢救发掘39处文物。

湖北省十堰市郧阳区大寺遗址出土的仰韶时期陶林

丹江口北泰山庙墓群出土青铜器

河南省方城县平高台战国秦汉墓出土陶器组合

河北省磁县北朝墓群东魏皇族元祜墓出土的侍仆俑

湖北省荆州市高台古井群发现的战国时期古井遗存

河南省新郑胡庄墓地出土的战国铜敦

河北省赞皇西高墓地出土的北朝青釉龙柄鸡首壶

武当山遇真宫垫高保护工程是南水北调工程文物保护工作中单体规模最大的文保工程。工程分为文物解体工程、顶升工程、土石方垫高工程、文物复原工程 4 个子工程，技术复杂，施工难度大。遇真宫山门、东西宫门整体顶升 15 米，为国内文物建筑单体顶升高度之最。

遇真宫顶升工程

遇真宫顶升施工

遇真宫保护工程

遇真宫顶升后恢复原貌

| 工程科技 |

南水北调工程是迄今为止世界上最大的调水工程，是兼有公益性和经营性的超大型项目集群，工程建设和管理技术难度大，不仅涉及一般水利工程的水库，大坝，渠道，水闸，低扬程、大流量泵站，超长、超大洞径输水隧洞，压力输水管道，超大型渡槽、倒虹吸、暗涵（渠）、PCCP 等，还涉及超长膨胀土渠段处理，超大型水泵站（群）和输水隧洞设计施工，超长距离调水，无调蓄条件下多闸门联合调度，新老混凝土结合的重力坝加高，多层交叉负荷地下地上施工，复杂情况下的调度系统信息处理等，在设计、建设、运行等方面，面临诸多挑战，许多硬技术和软科学都是水利学科与多个边缘学科联合研究的前沿领域。

面对诸多工程技术和管理方面的严峻挑战，原国务院南水北调办组织工程项目法人、运行管理单位、有关科研院所和高等院校等，开展了包括国家重大科研项目在内的多项目、多层次、多专业、多领域的科学研究和技术应用工作。内容涉及水工结构、工程施工、水工材料、水力机械、水力学、水资源、管理、环境等诸多专业和领域。通过科技攻关和重大关键技术问题研究，及时解决了大型工程建筑物的设计、施工与设备制造等技术难题，保证了工程建设的质量、安全和进度，提高了工程建设的技术和管理水平，助推了相关科学的新进展，充分发挥了综合效益。

工程技术之最

南水北调工程建设中遇到了许多技术挑战，如丹江口大坝加高加固、膨胀土、超大型预应力渡槽、中线隧道穿黄工程、大型渠道工程、水污染防治、PCCP 管道工程等一系列技术难题，有些甚至是世界级难题。经过历时多年的科研探索和技术创新，南水北调工级多项技术达到国内国际领先水平。

1. 丹江口大坝加高加固

为满足向北方调水要求，水源地工程丹江口大坝需加高 14.6 米，工程完建后，坝顶高程由原来的 162 米增加到 176.6 米，正常蓄水位由 157 米抬高至 170 米，增加库容 116 亿立方米，其加高和扩容规模大，难度高，国内外无专门的技术规程规定遵循，亦无成熟可供借鉴的经验。如何在初期工程运行条件下提出重力坝加高设计成套技术，保证新老坝体结合面紧密结合，加固初期工程质量缺陷处理，是保障南水北调中线水源工程的安全和中线完工总体目标实现亟须解决的难题。

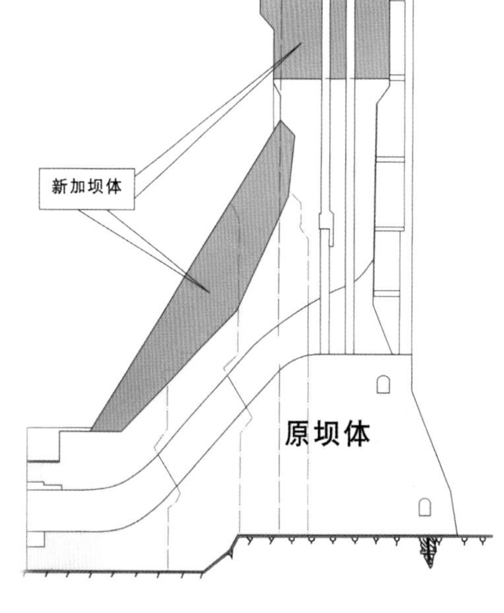

丹江口大坝加高示意

丹江口大坝坝顶高程标志

技术创新点："丹江口大坝加高加固关键技术研究"建立了新老坝体结合面有限结合条件下加高结构新理论和设计方法，研发了重力坝加高新老坝体结合面的成套处理技术；解决了初期工程大坝混凝土质量缺陷检测难题；提出了老坝体闸墩空间均衡整体加固方法，保障南水北调中线干线水源工程的安全运行。

建设中的丹江口大坝加高工程

加高工程竣工后的丹江口水库大坝

2. 膨胀土处理技术

膨胀土是具有胀缩性、裂隙性和超固结性的黏性土，其工程性质非常特殊，吸水后剧烈膨胀、失水后显著收缩，反复胀缩变形对建筑物的危害极大，膨胀土体内裂隙发育会造成边坡的失稳。膨胀土问题历来被公认为土木工程界的“癌症”“世界性难题”。中线一期工程总干渠涉及膨胀土渠段 387 千米，其距离之长、挖深之大、问题之复杂，国内外前所未有，如何保障膨胀土渠道顺利建设和运行期的稳定安全是中线工程面临的重大关键技术难题。

技术创新点：“大型膨胀土渠坡处理关键技术研究”完善了膨胀土宏观结构和垂直分带理论；提出了护－截－排－固的膨胀土渠坡综合处理关键技术，解决了渠道边坡稳定问题；提出了南水北调中线膨胀土渠坡浅表胀缩带蠕动变形和较深－深层结构面控制型折线滑动破坏模式；建立了膨胀土渠道施工处理成套技术和工艺，取得输水工程膨胀土边坡治理设计理论和实践重大突破。

渠坡换填施工

膨胀土试验区采用人工降雨方式进行膨胀土改造测试

改性土拌和生产施工

膨胀土碾压试验

3. 超大型预应力渡槽

南水北调中线工程总干渠沿线共布置渡槽 27 座，最大流量 420 立方米 / 秒，工程规模巨大，U 型渡槽跨度 40 米，单跨荷载 4800 吨，设计及施工技术难度超出已有工程，如何解决超大型渡槽设计与施工、对河道行洪排漂影响等关键技术问题，是提升工程输水效率和建设质量的基本保障。

技术创新点："超大型预应力渡槽设计与施工技术研究"提出了超大型渡槽设计理论和方法，解决了超大型渡槽结构承载、防裂等技术难题；研发出 40 米跨 1600 吨超大 U 型渡槽造槽机安装运行、浇筑施工等机械化施工成套技术和高效施工工法，攻克了超大 U 型渡槽机械化施工的系列技术难题，填补了大型现浇预应力渡槽槽身机械化施工技术空白；建立了预应力承重构件与钢筋混凝土挡水构件"既相互独立又协同承载"的计算模型，提出"分体式扶壁梯形"低耗水头新型渡槽型式及设计方法，解决了新增渡槽设计分配水头少的难题。

油菜花映衬下的湍河渡槽

湍河渡槽

中线干线沙河渡槽工程运用槽上运槽工艺架设槽身

4. 中线隧道穿黄工程

穿黄工程是南水北调中线总干渠与黄河的交叉建筑物，是总干渠上建设规模最大、技术最复杂的工程，也是控制工期的关键性工程。其以水下软土地层高压输水结构、软土地层复杂复合衬砌结构抗震及饱和软土地层超深竖井等三大问题最为突出，能否攻克，直接影响南水北调中线一期工程建设成效。

技术创新点："穿黄工程关键技术研究"提出了水下软土地层高压输水隧洞设计理论及抗震安全评价方法，研发了饱和砂土地层大型超深竖井设计关键技术；提出了"结构联合、功能独立"的输水隧洞复合结构设计理论与分析方法，建立了相应的设计控制标准体系，解决穿越黄河多相复杂软土地层高压输水隧洞结构受力和高压内水外渗导致围土失稳破坏难题，并较好地适应河床游荡作用引起的纵向动态大变形；构建了地基土体仿真非线性本构模型，提出模拟地震过程地基土体孔隙水压扩散和消散的三维非线性有效应力方法，及考虑动态接触的波动分析方法求解隧洞结构地震响应，解决了软土地层盾构隧洞复合衬砌结构抗震安全评价难题；提出了饱和砂土地层超深竖井工程结构及防渗成套技术，解决了饱和砂土地层结构安全和防渗难题。

中线穿黄工程三维效果图

中线穿黄工程隧洞内施工

中线穿黄工程刀盘吊装就位

焦作穿黄隧洞出口北岸明渠

穿黄内衬施工

2007 年 7 月 8 日穿黄盾构机始发仪式

5. 大型渠道工程机械化衬砌施工技术

南水北调工程输水距离长，调水流量大，输水渠道沿线地形、地貌复杂，工程地质和水文地质条件复杂，例如在南水北调东线济平干渠段遇到高达 40 米的渠道高边坡问题。在工程开工建设时，我国大型输水渠道方面的技术经验还很不足，特别是复杂地形条件下机械化衬砌施工技术还是空白，如何突破传统技术难题，创新工程设计施工技术，是达成工程目标的关键要素。

技术创新点："大型渠道工程机械化衬砌施工技术研究"研发了机械化衬砌施工渠道防渗衬砌结构型式，经济性优于国际同类工艺；提出了满足抗裂、抗渗、耐久性要求的补偿收缩混凝土和微膨胀混凝土的配合比，破解了快速连续施工现浇混凝土大块薄板的抗裂、抗渗与抗冻耐久性问题；研制了具有自主知识产权的长斜坡振捣滑模和振动碾压衬砌成型机及其配套设备和大型渠道机械化衬砌的施工工艺，提高了渠道的施工效率与质量，填补了我国在大型渠道机械化成型技术装备的设计制造及施工工艺方面的空白；研制了衬砌渠道潜水清淤车，首次实现以自行方式在输水条件下挖泥与排泥作业，填补了我国衬砌渠道机械化清淤设备的空白。

大型机械化衬砌设备施工

渠坡衬砌

渠底衬砌

6. 水污染防治技术

水污染问题是南水北调工程实施和发挥效益的主要制约因素。南水北调东线开工建设之前，输水干线 50% 的监测断面水质劣于 V 类，过黄河，进入海河流域，全部为劣 V 类。主要受水区几乎有河皆枯、有水皆污，污水灌溉进一步引起土壤、农作物和地下水污染。南水北调东线工程输水干线不仅接纳的污染源种类多、来源广、涉及范围大、排放量大，且受纳区域相对集中。复杂的污染源及其多种治污方式直接影响到水质达标情况。因此，如何科学处置不同区域水污染问题，综合集成多种治污手段，是实现东线治污目标的关键。

技术创新点："东线复杂河网地区水污染防治技术研究"揭示了南水北调东线一期工程沿线污染物演变及分布特征，首次建立洪泽湖、骆马湖、南四湖、东平湖等湖泊的水陆一体化生态防护系统，形成南水北调各调蓄湖库的农业面源污染防治体系，有效控制农业面源污染入湖量，防

南四湖新薛河湿地

治湖泊富营养化的发生；创造性地将截污导流工程应用于复杂河网区治污工作中，清污分流确保所有污染物不再进入输水河道，建立了受水区生态用水新秩序；通过科学规划，优化布设节制闸等设施，创新复杂河网区多目标调度技术体系，解决了洪涝灾害与输水渠道截污导流之间的矛盾，确保了治污、调水与排涝的顺利进行。研究成果的应用使沿线原来90%以上断面不达标甚至河湖发黑发臭治理成水质全面达标，比英国泰晤士河、欧洲莱茵河、北美五大湖等发达国家河湖污染治理过程缩短了10~20年，创造了新的纪录。

临沂截污导流

截污导流

郑集河口闸尾水导流工程

郑集泵站尾水导流工程

7. PCCP 管道工程

南水北调中线一期工程北京段输水管道直径 4 米，覆土深度 10 米，经研究需采用 PCCP。PCCP 是一种新型的预应力钢筒混凝土刚性管材，具有承受内外压较高、抗震能力强等特性。但国内尚无 DN4000 大口径 PCCP 成熟的设计、制造、安装等工程实践和相应的工程经验，没有相应的技术参数，多项技术国内首次运用，导致实施过程困难重重。PCCP 在工程设计、制造、安装等方面的科学试验研究为北京段 PCCP 输水管道工程安全运行提供了保障。

技术创新点："PCCP 管道工程技术研究"建立了我国大口径 PCCP 结构计算的理论基础和数值计算方法，基于国际国内相关标准及荷载规范开发了我国大口径 PCCP 设计计算软件；研究了 PCCP 管道水力学特性，为合理选择水力学设计所需的阻力系数提供了科学依据；研发了大口径 PCCP 的生产设备并确定了生产过程质量控制参数，重点研究了承插口配合间歇、接口椭圆度控制、管道防腐技术，以及如何提高管道制造设备生产效率等技术问题。

PCCP 管道

PCCP 管道安装

PCCP 交叉管线

PCCP 制造

PCCP 装车运输

工程科技成果创新与管理

南水北调工程跨越四个流域，是一项非常复杂的巨型系统水利工程，在设计、建设、运行等方面面临诸多世界级难题，其规模及难度国内外均无先例。南水北调工程把科研项目与国家科技规划结合起来，“十一五”到“十三五”期间部署实施了“南水北调工程若干关键技术研究与应用”等系列项目，及时解决了工程建设亟须解决的重大技术难题。充分发挥了建委会专家委员会技术咨询作用，形成了政府管理、专家咨询、机构实施、社会支撑的产学研用相结合的科技创新机制。

南水北调工程在建设、运行过程中取得的新产品、新材料、新工艺等成果填补了多项国际国内空白。工程全面提升了我国在水利工程设计、施工、管理等多方面的技术水平，形成了具有中国特色的调水工程技术体系。

现场技术指导

现场研究技术问题

南水北调中线工程冰期输水能力模式及冰害防治研究技术咨询会

南水北调东线泵及泵站工程关键技术咨询会

南水北调工程科技成果斐然，在技术挑战面前采取有效措施，在工程建设之初制订科技工作计划，开展重大关键技术研究，率先启动丹江口大坝加高、PCCP 管道制造和安装、东线大流量水泵的设计和制造等方面的科技研究。

注重科技创新与工程建设紧密结合，如中线工程在南阳市、新乡市开展膨胀土(岩)试验，为工程设计提供科学数据，研究膨胀土施工处理措施。中线穿黄工程关键部位进行了 1 ∶ 1 模型试验，取得了大量设计及施工参数，解决了设计方案及施工工艺优化比选问题。

国内以永磁电机为大型灯泡贯流泵驱动力的水泵机组首次应用于韩庄泵站

湍河渡槽工程——世界上规模最大的 U 型输水渡槽

利用市场配置各种资源，为工程技术创新提供支持，很多科研题目和国家科技规划结合起来，与科技部共同设立南水北调重大课题研究项目，列入国家科技规划。与国内著名高校和科研机构进行广泛合作，通过社会配置资源相互合作来推动工程技术创新。建立科技交流和成果共享机制，在南水北调工程建设期间，把科技成果作为一种公共资源进行共享，广泛应用到工程当中去，保证了成果的高效运用和推广。

积极开展国际科技交流合作，采用引进、吸收、再创新的方式，推进技术革新与进步。例如国产渠道衬砌机生产设备价格比进口降低 80%，自重降低 2/3，提高工作效率 66%，不仅满足了国内的需求，还出口到巴基斯坦、马来西亚等国家。

研发的机械化衬砌设备出口到巴基斯坦

南水北调工程所涉及的许多硬技术和软科学是水利学科与多个其他学科联合研究的前沿领域，尤其是在工程技术方面，新产品、新材料、新工艺、新装置、计算机软件等科技成果已经应用于工程建设并发挥效益。

制定专用技术标准13项，如《南水北调中线一期丹江口水利枢纽混凝土坝加高施工技术规定与质量标准》《渠道混凝土衬砌机械化施工技术规程》《渠道混凝土衬砌机械化施工质量评定验收标准》等。

申请并获得国内专利110项，如重力坝加高后新老混凝土结合面防裂方法、长斜坡振动滑模成型机、电动滚筒混凝土衬砌机、电化学沉积法修复混凝土裂缝装置等。

取得80多项科技研究成果，获得国家级科技进步奖5项，获得水力发电科学技术奖、大禹水利科技进步奖、相关省（直辖市）科学技术进步奖等省部的科技奖等多项奖项。

南水北调东、中线一期工程建设过程中，每一项技术难点的攻克，都蕴含了工程技术人员的智慧和付出。

	项目名称	奖项名称	等级
国际奖项	南水北调中线工程	FIDIC 国际咨询工程项目奖	优秀奖
	汉江中下游水资源调控工程	FIDIC 国际咨询工程项目奖	特别优秀奖
国家级奖项	南水北调东线济平干渠工程关键技术研究与应用	国家科技进步奖	二等奖
	大型渠道混凝土机械化衬砌成型技术与设备	国家科技进步奖	二等奖
	长距离输水工程水力控制理论与关键技术	国家科技进步奖	二等奖
	大型泵站水力系统高效运行与安全保障技术及应用	国家科技进步奖	二等奖
	高效离心泵理论与关键技术研究及工程应用	国家科技进步奖	二等奖
	高混凝土重力坝加高加固关键技术研究与实践	水力发电科学技术奖	特等奖
	南水北调中线穿黄工程设计关键技术	水力发电科学技术奖	特等奖
	南水北调中线渠道工程关键技术	水力发电科学技术奖	一等奖
主要的省部级奖项	南水北调中线工程勘察关键技术与实践	大禹水利科学技术奖	一等奖
	膨胀土边坡破坏机理与关键技术研究及在大型输水工程中的应用	大禹水利科学技术奖	一等奖
	水环境监测及预警关键技术与应用	大禹水利科学技术奖	二等奖
	南水北调中线水源地面源污染追踪模拟技术研究	大禹水利科学技术奖	二等奖
	南水北调中线大流量预应力渡槽设计和施工技术研究	大禹水利科学技术奖	二等奖
	南水北调中线水源地水土流失与面源污染生态阻控技术研究	大禹水利科学技术奖	二等奖

配套工程建设

南水北调东、中线一工程的配套工程涉及北京、天津、河北、河南、山东、江苏六省（直辖市），65个地级市，229个县（区、市）。线路（干线至自来水厂部分）全长2700多千米。

北京市为与南水北调中线干线工程无缝衔接，充分发挥工程效益，研究制定了《北京市南水北调配套工程规划》。目前，累计完成输水工程8项（管线长约300公里）、调蓄工程3项（调蓄容积4140万立方米）、新建和改造水厂10座（总规模383万立方米/日）。北京市南水北调配套工程形成了“一条环路，放射输水”格局。

天津市结合城市路网建设，在南水北调中线沿线各省市中率先启动配套工程建设，实现了配套工程建设质量、安全、进度协调发展。中线一期工程通水前，与中线一期工程通水直接相关的6项骨干输配水工程全部建成并投入运行，天津市配套工程与干线工程同期建成、同步发挥效益。通水后，又陆续建成并投入运行10项工程，逐步扩大了天津市南水北调工程的输水范围。目前，16项工程已建成并投入使用。

北京市第十九水厂

河北省境内共建配套工程水厂128座，已全部投入使用。水厂以上输水线路工程总长度2070公里。新建（改造）石津、廊涿、保沧、邢清四条大型输水干渠，廊涿干渠固安支线工程等均已完工通水。目前，尚有农村江水置换工程部分项目在建。

中线石家庄东北水厂

江苏省组织编制了《江苏境内南水北调一期配套工程实施方案》，主要包括新沂尾水导流工程、丰县沛县尾水资源化利用及导流工程、睢宁县尾水资源化利用及导流工程、宿迁市尾水导流工程和郑集河输水扩大工程等。目前，上述 5 项工程均已完成建设。

河南省南水北调配套工程建设包括：分别向南阳、平顶山、漯河、周口、许昌、郑州、焦作、新乡、鹤壁、濮阳和安阳等 11 个地级市、34 个县（市、区）的 83 座水厂供水，输水线路总长 1000 公里，其中铺设各类管线 982.27 公里，改造河渠和暗涵 3.11 公里，利用河道输水 14.7 公里，建提水泵站 20 座。目前，工程均已正式通水，实现了与干线工程同步建成、同步通水、同步发挥效益的目标。

山东省南水北调配套工程规划供水区分为鲁北片、胶东片、鲁南片，共为 38 个供水单元工程，涉及济南、青岛等 13 个地级市、58 个县（市、区），其中胶东调水供水单元（引黄济青改扩建工程）单独实施。各项工程已建设完成，并投入运行。

中线大宁调蓄水库工程

运行管理篇

2013 年 11 月、2014 年 12 月，在南水北调东线、中线一期工程通水之际，习近平总书记分别作出重要指示，对工程运行管理提出了新的要求和更高期待。通水以来，南水北调各单位健全工作机制、强化过程监管、科学实施调度、加强信息化建设，不断提升工程管理规范化、标准化和信息化、智能化水平。通水以来，工程经受住了冰期输水、汛期暴雨洪水、大流量输水、新冠肺炎疫情冲击等多重重大考验，未发生重大安全质量事故和断水事件，实现了工程安全、运行安全、水质安全，为优化水资源配置、保障群众饮水安全、复苏河湖生态环境、畅通南北经济循环等提供了有力水资源支撑。

运行管理规范化、标准化建设

运行管理开展规范化、制度化建设

根据《南水北调工程供用水管理条例》制定印发《南水北调东线一期工程水量调度方案（试行）》和《南水北调中线一期工程水量调度方案（试行）》，依法规范年度水量调度计划编制和实施工作，并开展运行管理规范化、标准化建设，建立“组织、责任、制度”全覆盖的管理体系，完善技术标准、管理标准、岗位标准，持续提高工程运行管理水平。

南水北调中线工程总调度中心

水量调度实行数字化、信息化、智能化管理

水利部以“智慧南水北调”建设为抓手，综合运用大数据、“互联网 +”、云计算等高新科技手段，提高水量调度、运行管理、预警预报的智能化水平；建设自动化调度闸控系统，实现水位、流量、闸门开度等调度信息的自动采集和各类闸门的远程自动控制；建设安全监测自动化系统和水质监测系统，实现渠道、建筑物运行情况和水质变化趋势的实时监测、在线分析和安全预警；开展“一套信息标准、一张地图展示、一个应用平台”建设，逐步构建统一高效的信息管理平台，实现调度信息共建共享共用。

中线总调度中心调度大厅

中线总调度中心工作场景

南水北调江苏调度中心
主办
国务院南水北调办公室
承办
江苏省水利厅
江苏省南水北调办公室
南水北调江苏水源公司
2013年5月30日
李鹏程

南水北调江苏调度中心

南水北调山东调度中心

山东调度中心机房

山东调度中心电池柜

| 水量调度 |

科学调水，是促进调水效益最大化、最优化的有效方式。东线、中线工程建立健全了水量调度协调机制，精心制定了水量调度计划，坚持用足用好南水北调水，推动工程稳步达效。工程开展了沿线生态补水，促进丹江口水库洪水资源化利用，力争多调水、多供水、多补水。2020 年，中线一期工程首次实施 420 立方米 / 秒加大流量输水，在第六个调水年度就达到设计最大流量，工程质量和输水能力通过了重大考验。2019—2020 供水年度向豫冀津京供水 86.2 亿立方米，超过总体规划中提出的多年平均规划供水 85.4 亿立方米，标志着中线一期工程运行 6 年即达效。同时，通过实施《南水北调工程供用水管理条例》，确保南水北调水得到高效使用。截至 2021 年 1 月 31 日，东线、中线一期累计调水量 404.7 亿立方米，其中中线调水 356.42 亿立方米、东线调水 48.28 亿立方米。通水以来，南水北调工程水质安全可控，中线水质满足或优于地表水 Ⅱ 类标准，东线沿线水质基本稳定在地表水 Ⅲ 类标准。

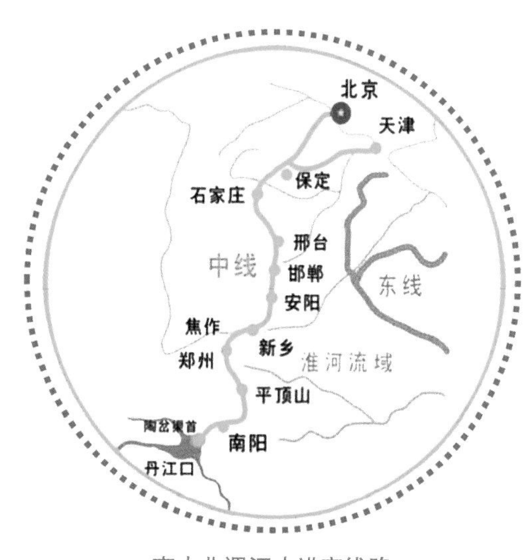

南水北调江水进京线路

中线一期工程首次实施 420 立方米 / 秒加大流量输水

水源地——丹江口水库

丹江口水库位于汉江中上游，水域横跨鄂、豫两省，是南水北调中线工程水源地、国家一级水源保护区。水库由 1973 年建成的丹江口大坝完工后蓄水形成，水源来自于汉江及其支流丹江，被誉为“亚洲天池”。水库水质连续 25 年稳定在国家地表水Ⅱ类以上，水质保持优良。丹江口大坝加高后，调蓄能力更强，同时也提高了下游的防洪标准。

中线水源区丹江口水库碧水如镜

中线工程向河北邢台七里河生态补水

中线工程助力滹沱河生态环境保护

运行监管

南水北调工程以“高标准样板”为管理定位，不断提升工程运行管理水平，完善相关制度规定，落实运行安全监管责任，严格实施水量调度，全力做好冰期、汛期等重要节点输水工作。

工程制定并健全运行安全监管工作体系，强化日常监督和过程监管，实现规范化、标准化管理，稳妥做好工程检修工作，确保全线运行安全平稳，供水量持续增长，水质稳定达标。

南水北调中线工程保定石渠段富田冰期输水现场

中线工程工作人员观测渠道水位

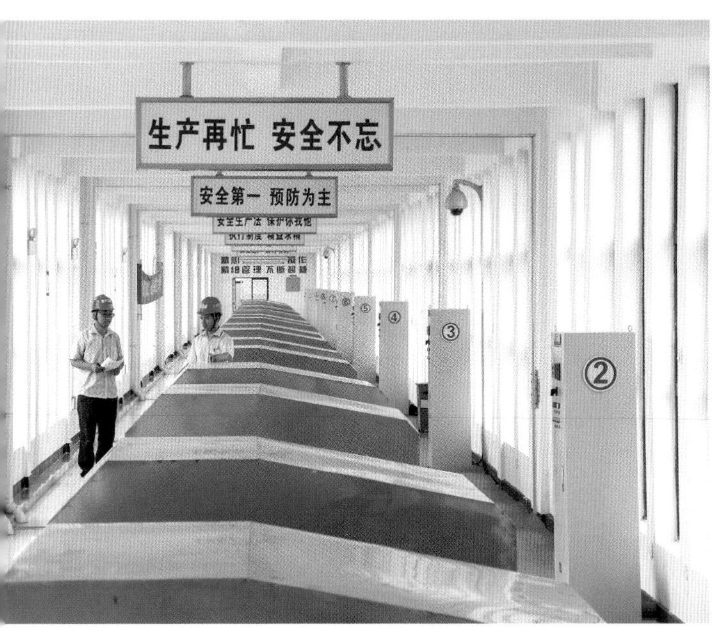

东线工程泗洪站运行人员巡查

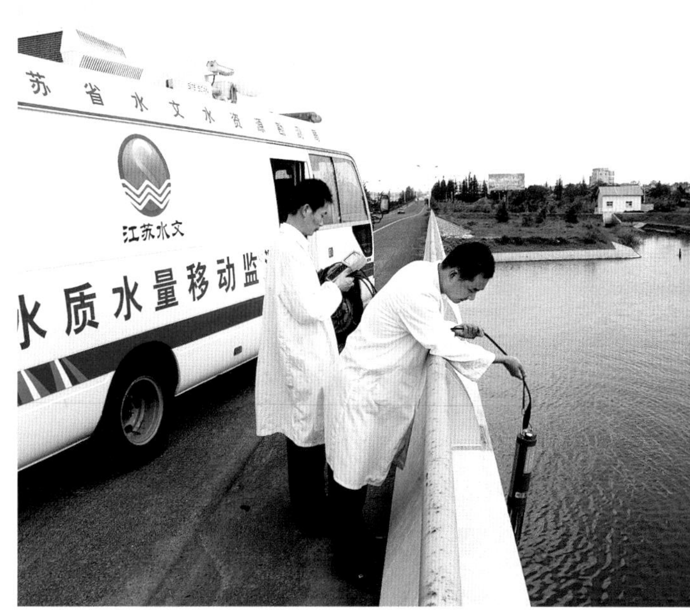

东线工程三阳河水质监测

陶岔渠首水质自动监测站

工程效益篇

全面通水以来，东线、中线一期工程每年将数十亿立方米优质水调往北方，从根本上缓解了我国北方地区严重缺水的局面，改变了受水区供水格局、改善了沿线群众的饮水质量，修复了沿线河湖生态环境，突破了京津冀协同发展、雄安新区建设等重大国家战略实施的水资源限制瓶颈，发挥了显著的经济、社会和生态效益，为贯彻新发展理念、构建新发展格局、推动经济社会高质量发展作出了重要贡献。

生动的实践充分证明了党中央决策兴建南水北调工程是完全正确的，证明了南水北调工程是名副其实的生态工程、民生工程、幸福工程。

社会效益

南水北调东线、中线一期工程有效缓解了我国北方地区水资源短缺问题，从根本上改变了受水区供水格局，改善了城市用水水质，提高了受水区 42 座大中城市的供水保证率，促进了受水区社会发展和城市化进程，直接受益人口超过 1.4 亿人，已逐步成为沿线大中型城市生活用水的主力水源。

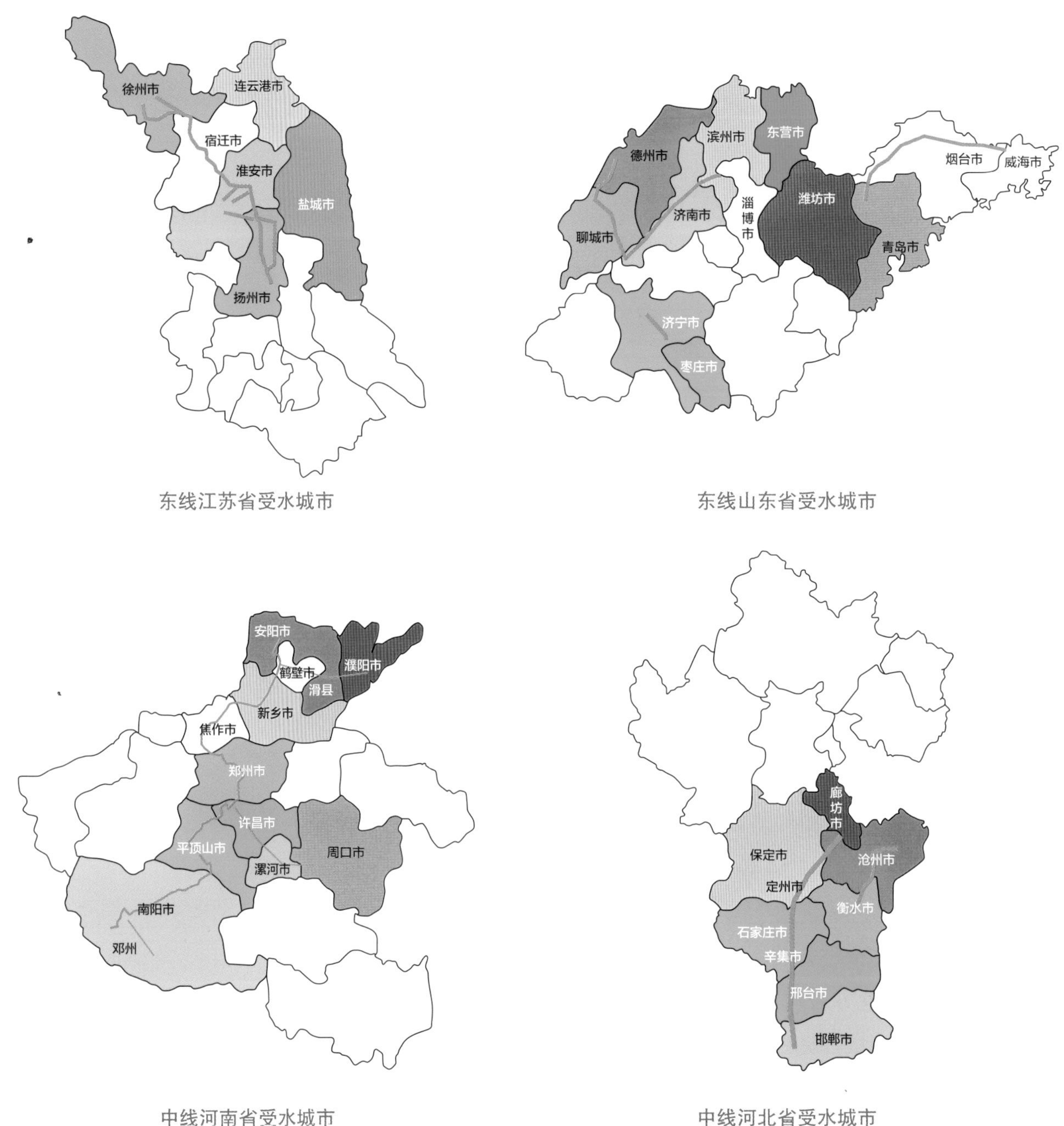

东线江苏省受水城市

东线山东省受水城市

中线河南省受水城市

中线河北省受水城市

供水范围及受益人口

截至2020年底，南水北调东线、中线一期工程直接受水城市42个。其中，东线18个，中线24个。东线一期工程受水城市为江苏省6个，山东省12个。中线受水城市为河南省13个、河北省9个、北京市以及天津市。

南水北调东线、中线总受益人口超1.4亿人。其中东线一期工程总受益人口超6735.7万人，中线一期工程总受益人口超7538.81万人。

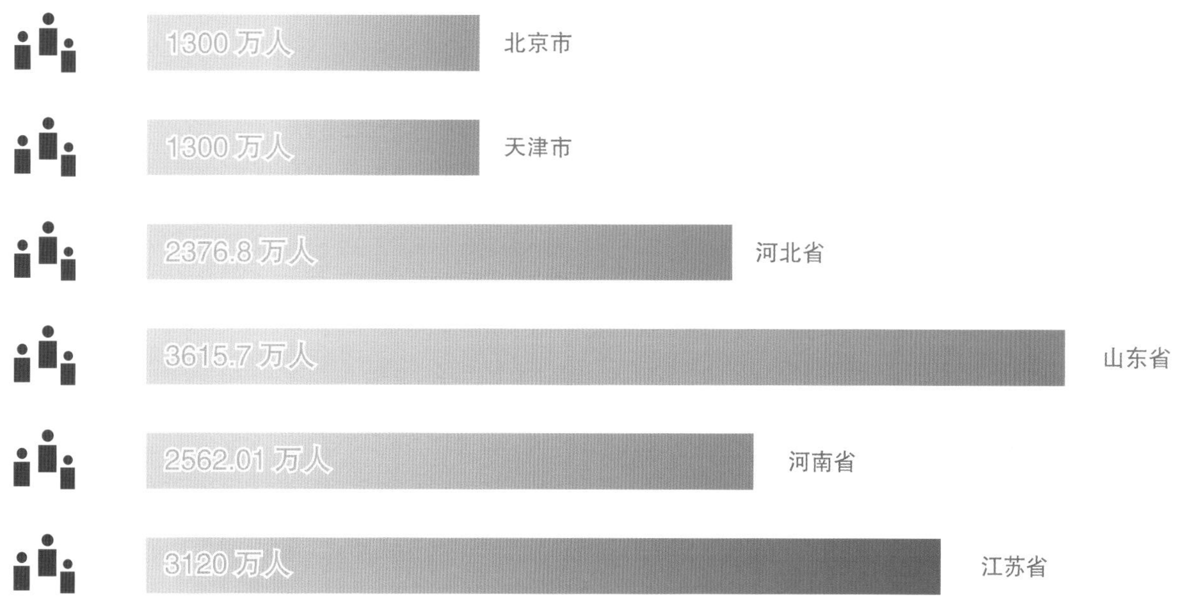

东线、中线一期工程沿线各省（直辖市）总受益人口数量

调水量持续增长

截至2021年1月31日，南水北调东线、中线一期工程累计调水量超404.7亿立方米，受水区各省（直辖市）累计分水370.98亿立方米。

东线一期工程累计调水48.28亿立方米，向山东省累计净供水量30.01亿立方米。2019年4—6月，实施了东线一期北延应急试通水工作，累计供水5717万多立方米。其中，入河北省3739万立方米，入天津市1978万立方米。

中线一期工程累计调水量356.42亿立方米，累计供水340.98亿立方米。湖北省引江济汉工程为汉江兴隆以下河段和东荆河提供可靠的补充水源。

30.01 亿立方米 山东省

61.54 亿立方米 北京市

59.56 亿立方米 天津市

98.35 亿立方米 河北省

121.52 亿立方米 河南省

东线、中线一期工程受益水区分水量

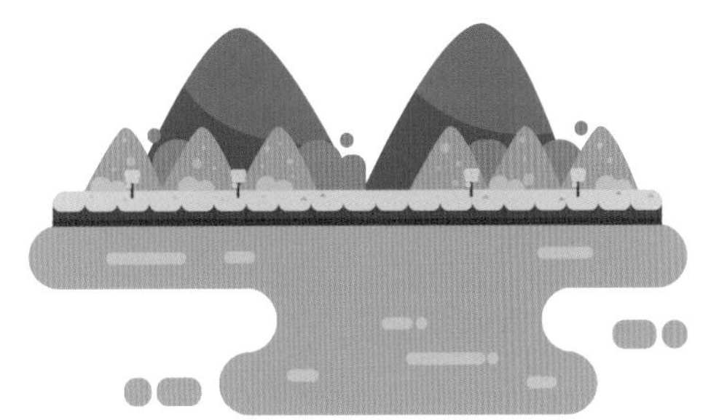

向汉江中下游补水
153.88 亿立方米

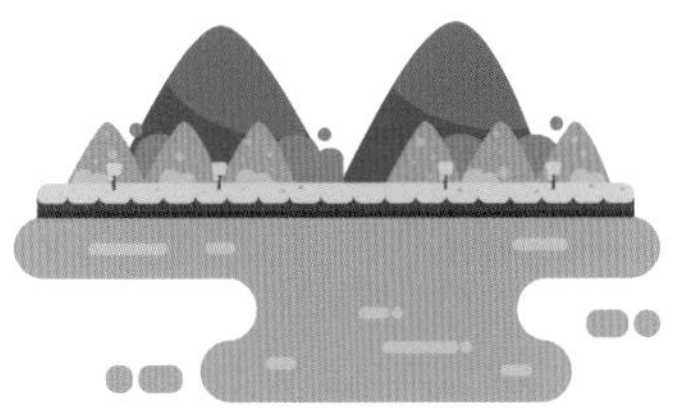

向长湖、东荆河补水
36.18 亿立方米

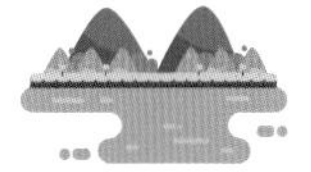

向荆州古城护城河、庙湖、后港水厂补水 **5.38 亿立方米**，其中向荆州古城护城河补水 **2.61 亿立方米**

引江济汉补水

中线一期工程 2014—2020 年累计调水、供水量

时间	调水量 / 亿立方米	供水量 / 亿立方米
2014—2015 年	20.27	18.66
2015—2016 年	38.43	37.19
2016—2017 年	48.48	45.15
2017—2018 年	74.58	69
2018—2019 年	71.32	69.16
2019—2020 年	87.6	86.22

供水格局改善

南水北调东线、中线工程从根本上改变了受水区供水格局，受水区 42 座大中城市的 280 多个县（区、市）用上了南水，城市供水实现了外调水与当地水的双供水保障。

东线工程

东线一期工程打通了长江干流向北方调水的通道，构建了长江水、黄河水、当地水优化配置和联合调度的骨干水网，将长江经济带与苏鲁两大经济强省互联互通，对促进国家主体功能区规划实施、提高国土空间承载力等发挥了积极作用，同时有效缓解了苏北、胶东半岛和鲁北地区城市缺水问题，使济南、青岛、烟台等大中城市基本摆脱缺水的制约，确保了城市供水安全，维护了社会稳定，改善了城镇居民的生活用水质量，惠及沿线百姓，为地区经济社会发展注入了新的动力。

东线一期工程沿线地区在加大水污染治理的同时，促进了产业结构不断优化升级，经济社会高质量发展，山东省内造纸厂由 700 多家压减到 10 家，产业规模却增长了 2.5 倍、利税增长了 3 倍；节水型社会建设进展加快，促进了沿线“以水定城”理念落实，加快了水生态文明城市建设。

江都水利枢纽成源头活水

东线一期工程为江苏淮安提供新的水源

东线一期工程途经山东济南市区

东线一期工程穿过山东聊城

大运河焕发新生机，为沿线地区经济社会发展注入新动力

中线工程

中线一期工程使北京、天津、郑州、石家庄等北方大中城市基本摆脱了缺水制约，有力保障了京津冀协同发展、雄安新区建设等重大国家战略实施。

目前，北京的城市供水七成以上为“南水”，实现了一纵一环输水线路、本地水与外调水相互调剂使用的新格局。

天津市 14 个行政区用上了“南水”，实现了引江水和引滦水双保障，并逐步打通城乡供水一体化。

河南受水区的 80 多个县（区、市）全部受益，多个城市主城区 100% 使用“南水”，以中线供水、引黄等供用水工程为基础，打造了“一纵三横，六区一网”多功能现代水网。

河北石家庄、邯郸、沧州等市 90 多个县（区、市）受益，部分城市全部用上南水，构筑了一纵四横，引江水、黄河水、本地水三水联调新格局。

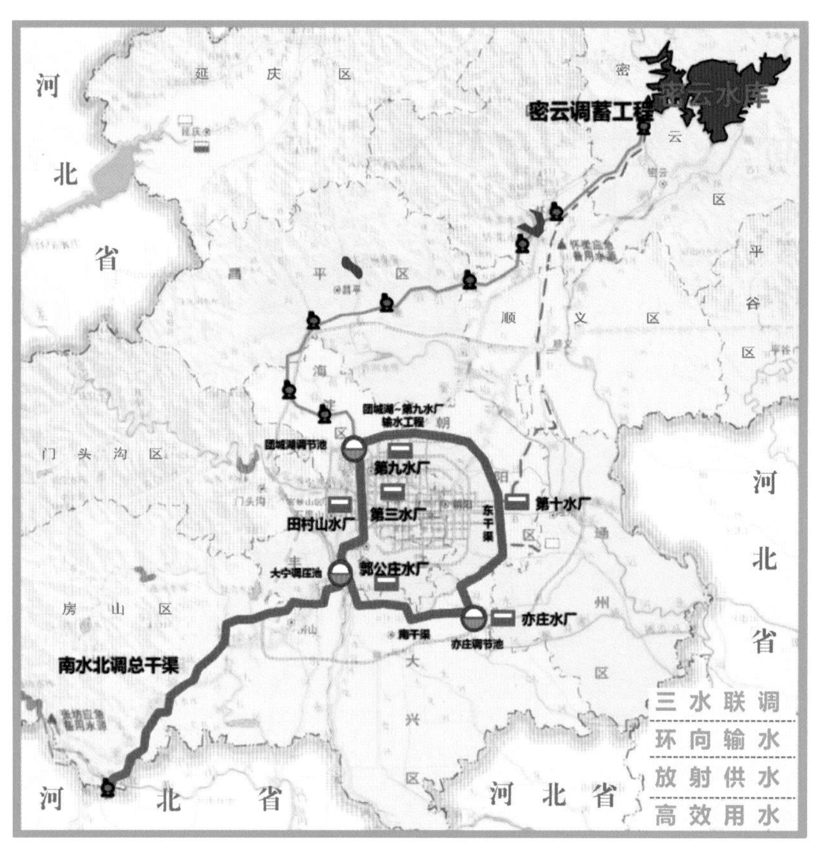

江水进京后水厂规划布局图

北京郭公庄水厂机械加速澄清

北京通州水厂全部取用南水

丹江口水库清水经陶岔渠首，输送至河南多个城市

天津外环河

河北石家庄用上南水北调水

受水区水质改善

按照“三先三后”原则要求，中线全面做好水源地水质保护各项工作，鄂豫陕三省联动协作，制定水污染治理和水土保持规划，推进产业转型升级，探索生态补偿机制，夯实了水源地水质保护基础。东线强力推进治污工作，苏鲁两省将水质达标纳入县区考核，实施精准治污，实现水质根本好转，创造了治污奇迹。

沿线群众饮水质量显著改善，北京自来水硬度由过去的380毫克/升降至120毫克/升，河北黑龙港地区500多万人告别了长期饮用高氟水、苦咸水的历史，人民群众获得感、幸福感、安全感显著增强。

曾经喝苦咸水的河北沧州市民如今喝上了甘甜的南水北调水

石家庄学院的大学生畅饮清茶

检测员检测水质

移民稳定发展

在党中央、国务院统一部署下，河南、湖北两省坚持以人民为中心的发展理念，统筹谋划、周密部署，超前实施，圆满完成了丹江口水库 34.5 万移民搬迁任务，实现了“四年任务、两年完成”工作目标。丹江口水库移民搬迁安置后，人均耕地数量增加，集中安置点基础设施实现跨越式发展，居住环境得到了极大改善，库区、安置区移民总体稳定，初步实现了“搬得出、稳得住、能发展、可致富”的安置目标。

移民搬迁前的居住环境

移民新区的居住环境

移民村环境友好

移民村有了健身设施

大棚种植技术培训

舞出美好未来

移民参加家政服务岗前培训

移民学生搬入现代化的新校园

| 经济效益 |

水资源格局决定着发展格局，南水北调工程从根本上改变了受水区供水格局，提高了大中城市供水保障率，为经济结构调整和产业绿色转型调整创造了机会和空间，有效促进了受水区产业结构调整和经济发展方式转变，经济效益显著。以 2016—2019 年全国万元 GDP 平均需水量 70.4 立方米计算，南水北调向北方调水 400 多亿立方米，为约 5.68 万亿元 GDP 的增长提供了优质水资源支撑。

水资源支撑效益显著

南水北调工程支撑国家重大战略实施。黄淮海流域总人口 4.4 亿，国内生产总值约占全国的 35%，在国民经济格局中占有重要地位，黄淮海流域的大部分地区是南水北调工程受水区，南水北调工程正在为京津冀协同发展、雄安新区建设、长江经济带发展、黄河流域生态保护和高质量发展等重大战略实施及城市化进程推进提供可靠的水资源保障。

南水北调工程为雄安新区建设提供了可靠的水资源保障

经济拉动作用明显

南水北调东、中线一期工程批复总投资达 3082 亿元，工程建设创造了众多就业岗位，促进了社会稳定和群众收入的增长，刺激了消费需求。工程建成运行后，又带动了工程运行管理、维修养护、备品备件更新等相关产业和企业的集聚与发展，继续拉动着地方经济社会发展。南水北调工程建设期直接拉动国内生产总值增长，带动了土建施工、金属结构及机电设备制造安装、水土保持、信息自动化、污水处理等多个重要的产业领域发展，增加了工程机械、建筑材料、电气电子元器件、园林苗木等产品的需求，还进一步刺激了相关上游产业和关联产品的生产发展。

建设期间，东、中线一期工程参建单位超过 1000 家，建设高峰期每天有近 10 万建设者在现场进行施工，加上上下游相关行业的带动作用，每年增加数十万个就业岗位。

此外，中线陶岔渠首工程、兴隆水利枢纽工程、丹江口水利枢纽工程均已发挥发电效益，为地方经济发展提供绿色能源。

东线北延应急工程建设增加地区就业机会

工程助推水源区产业结构调整

交通航运提档升级

南水北调工程持续调水稳定了航道水位，改善了通航条件，延伸了通航里程，增加了货运吨位，大大提高了航运安全保障能力，促进了当地经济发展。东线一期工程建成后，京杭大运河黄河以南航段从东平湖至长江实现全线通航，1000 ~ 2000吨级船舶可畅通航行，新增港口吞吐能力1350万吨，成为中国仅次于长江的第二条“黄金水道”。

建成后的兴隆水利枢纽大大提升通航能力

航运结合提高航运能力

兴隆船闸安全运行

京杭大运河

南四湖“黄金水道”

江苏省结合河道疏浚扩挖，提高了金宝航道、徐洪河等一批河道的通航标准和通航等级。

山东省京杭运河韩庄运河段航道已由三级航道提升到二级航道，南四湖至东平湖段工程调水与航运结合实施后，京杭运河通航从济宁市延伸到东平湖，黄河南岸直接通航至长江，区域水运能力大幅提升。

湖北省引江济汉工程干渠全长 67.23 千米，一线横贯荆州、荆门、仙桃、潜江四市，使往返荆州和武汉的航程缩短了 200 多千米；兴隆水利枢纽工程及局部航道整治工程使汉江通航能力从之前的 300 ~ 500 吨级船舶提升至 1000 吨级以上，大大改善了航运条件。湖北省引江济汉工程和兴隆水利枢纽工程累计新增航道 268.92 千米，改善航运 458.4 千米，经整治，兴隆至汉川段基本达到 1000 吨级通航标准；丹江口至兴隆段基本解决了出浅碍航、航路不畅或航道水流条件较差等状况。

生态效益

南水北调工程为沿线城市提供了充足的生态用水，河湖、湿地等水面面积明显扩大，区域生物种群数量和多样性明显增加，并为解决华北地下水超采问题提供了重要水源，随着后续工程不断推进，工程生态环境效益将进一步显现。

煤都徐州绿水映青山

地下水水位持续回升

东、中线一期工程通水以来，有效缓解了城市生产生活用水挤占农业用水、超采地下水的问题，沿线受水区通过水资源置换，压采地下水、向中线工程沿线河流生态补水等方式，有效遏制了地下水水位下降的趋势，地下水水位逐步回升。其中，中线一期工程助力沿线生态文明建设和华北地区地下水超采综合治理，华北地区地下水水位下降趋势得到有效遏制，部分地区止跌回升；沿线河湖生态得到有效恢复，实现了河清岸绿水畅景美。

天津珍惜来之不易的清水

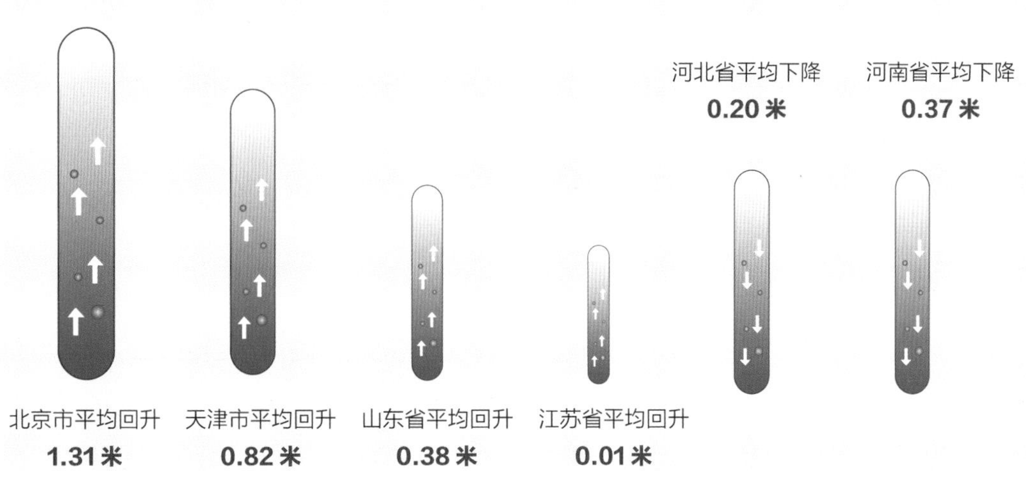

沿线受水区地下水位变化情况

中线一期工程向潮白河水源地补水

河湖水量明显增加

东线一期工程向山东省东平湖、南四湖、济南市小清河、骆马湖等补水。中线一期工程多次向沿线开展生态补水，截至2021年1月31日，中线一期工程累计补水总量达50.47亿立方米，华北地下水水位持续回升，白洋淀淀区水面面积扩大，北京市南水北调调蓄设施水面面积增加、密云水库蓄水量创新高，河北省多条天然河道得以阶段性恢复，河南省焦作市龙源湖、濮阳市引黄调节水库、新乡市共产主义渠、漯河市临颍县湖区湿地、邓州市湍河城区段、平顶山市白龟湖湿地公园、白龟山水库等河湖水系水量明显增加。

白洋淀再现往日生机

滹沱河生态补水

密云水库再现水波荡漾

河湖水质明显提升

东线一期工程建设期间，通过治污工程及湖区周边水污染防治措施的实施，南四湖区域水污染治理取得显著成效，达到规划要求的通水标准。通水后，南四湖流域由于江水的持续补充，水面面积有效扩大，水质明显改善，输水水质一直稳定在Ⅲ类。

中线一期工程华北地下水回补试点河段，通水期间水质普遍得到改善，上游河段水质多优于Ⅲ类水质，中下游河段水质改善 1 ~ 2 个类别。通过地下水回补，试点河段恢复了河流基本功能，河流水体水质得到改善，效果明显。北京市利用南水向城市河湖补水，增加了水面面积，城市河湖水质明显改善。天津地表水质得到了明显好转，中心城区 4 条一级河道 8 个监测断面由补水前的Ⅲ类 ~ Ⅳ类改善到Ⅱ类 ~ Ⅲ类。

封装水样

开展突发事件应急演练

水质检测

拦截水中漂浮物

水生态环境修复改善

东、中线一期工程全面通水后，通过向沿线部分河流、湖泊实施生态补水，沿线城市河湖、湿地等水面面积明显扩大，生态和环境得到有效修复，区域生物种群数量和多样性明显恢复。

东线一期工程先后通过干线工程引长江水向南四湖、东平湖补水 2 亿多立方米，极大改善了南四湖、东平湖的生活生产、生态环境，避免了因湖泊干涸导致的生态灾难，补水后南四湖水位回升，下级湖水位抬升至最低生态水位，湖面逐渐扩大，鸟类开始回归。

2018 年 9 月—2019 年 8 月，中线一期工程实施华北地区地下水超采综合治理河湖地下水回补试点工作，先后向滹沱河、滏阳河、南拒马河试点河段补水，区域水生态环境显著改善，同时中线水源区通过补偿工程也大大改善了当地的区域生态环境。

中华秋沙鸭

桃花水母

南四湖生物多样性明显恢复

经过大力整治水生态，骆马湖恢复了曾经的碧波荡漾、群鸥翻飞

中线工程调水入京后进入北京团城湖，区域水生态环境改善

资源环境承载力提高

南水北调工程通过跨流域调水，有效增加了黄淮海平原地区的水资源总量，结合节水挖潜措施，归还以前不合理挤占的农业和生态环境用水，区域用水结构更加合理，区域水资源及环境的承载能力明显增强。

北京市按照“节、喝、存、补”的原则，在充分发挥水厂消纳南水能力的同时，向大宁水库、十三陵水库、怀柔水库、密云水库等河湖库补水，北京市的水资源储备显著增加。天津市构建了一横一纵、引滦引江双水源保障的供水新格局，形成了引江、引滦相互连接，联合调度，互为补充，优化配置，统筹运用的城市供水体系。

水源保护及污染防治卓有成效

南水北调对水源区和沿线地区投资数百亿元进行水污染治理和生态环境建设。陕西等省先后实施了两期丹江口库区及上游水污染防治和水土保持工程，累计完成小流域综合治理 562 条，治理水土流失面积 12574 平方千米。

湖北省十堰市实施“截污、清污、减污、控污、治污”五大工程，原本劣Ⅴ类水质得到显著改善，官山河、犟河、剑河和神定河水质平均值均已达到国家“水十条”考核标准。治理水土流失面积 5836 平方千米，森林覆盖率达 64.72%。

山清水秀的十堰市

存补有序，显著增加水资源战略储备

2014 年以来，河南省水源区及干渠沿线各县区共关闭或停产整治工业和矿山企业 200 余家；封堵入河市政生活排污口 433 个，规范整治企业排污口 27 个；拆除库区内养殖网箱 5 万余个，累计治理水土流失面积 2704 平方千米。

水源区陕西、湖北、河南三省先后实施了丹江口库区及上游水污染防治和水土保持工程，建成了大批工业点源污染治理、污水垃圾处理、水土流失治理等项目，治理水土流失面积 2.1 万平方千米。

南四湖

中线干渠河南焦作市区段环境优美

风景宜人的丹江口库区

江苏、山东两省把节水、治污、生态环境保护与调水工程建设有机结合起来，建立“治理、截污、导流、回用、整治”一体化治污体系，安排 5 大类 426 项治污项目，其中工业点源治理 214 项，城镇污水处理及再生利用 155 项，流域综合整治 23 项，截污导流 26 项，垃圾处理 8 项。后续又分别制定了补充治污方案，共安排 514 项治污项目，完成情况良好。在东线沿线经济发达地区，强力治污攻坚，突出执法监管，严格环保准入，重点挂牌督办，“一河一策”精准治污，建设截污导流工程，实施船舶污染防治，推进退渔还湖，打击河道非法采砂，有效治理了沿线水域污染。通过东线治污工程及湖区周边水污染防治措施的实施，南四湖区域水污染治理取得显著成效，黑臭的南四湖“起死回生”，跻身全国水质优良的湖泊行列。

洪泽湖实施生态修复工程，开展生态廊道建设

洪泽站国家级旅游风景区美景如画

未来展望篇

水资源格局决定经济社会发展格局。南水北调事关国计民生和发展大局，是构建国家水网的基础骨架。截至 2020 年底，南水北调东线、中线一期工程年调水能力还不到总体规划规模的一半，万里长征只取得阶段性胜利，南水北调任重道远。

2020 年 11 月，习近平总书记视察南水北调东线工程；2021 年 5 月，习近平总书记视察南水北调中线工程，并在河南省南阳市主持召开推进南水北调后续工程高质量发展座谈会发表重要讲话。“十四五”规划也对南水北调工作作出明确部署。未来，我们将认真践行“节水优先、空间均衡、系统治理、两手发力”的治水思路，围绕建设南水北调“优化水资源配置、保障群众饮水安全、复苏河湖生态环境、畅通南北经济循环的生命线”，奋力推进南水北调各项工作，努力把南水北调建设成“世界一流工程”，为实现中华民族伟大复兴提供坚强支撑。

| 总体设想 |

2019 年 11 月 18 日，国务院召开南水北调后续工程工作会议，研究部署南水北调后续工程和水利建设等工作，要求按照南水北调工程总体规划，完善实施方案，抓紧前期工作，适时推进东、中线后续工程建设，同时开展西线工程规划方案比选论证等前期工作。

会后，水利部多次组织召开会议研究部署相关工作，及时制定贯彻落实国务院南水北调后续工程工作会议精神工作方案，全面部署开展东线二期工程、中线引江补汉工程、部分在线调蓄水库可行性研究阶段的工作，分解细化目标任务，进一步明确责任分工以及进度安排等，按照中央关于统筹推进新冠肺炎疫情防控和经济社会发展工作要求，在保证勘测设计质量的前提下，加快推进南水北调后续工程前期工作，为工程尽早开工建设创造条件。

2020 年 11 月 13 日，习近平总书记考察南水北调东线一期工程作出重要指示，他强调，南水北调工程在一定程度上缓解了北方地区用水困难问题，但总的来讲，我国在水资源分布上仍然是北缺南丰。要把实施南水北调工程同北方地区节水紧密结合起来，以水定城、以水定业，注意节约用水，不能一边加大调水、一边随意浪费水。要继续推动南水北调东线工程建设，完善规划和建设方案，确保南水北调东线工程成为优化水资源配置、保障群众饮水安全、复苏河湖生态环境、畅通南北经济循环的生命线。

时隔半年，2021 年 5 月 13 日，习近平总书记考察南水北调中线一期工程。2021 年 5 月 14 日上午，习近平总书记在南阳市主持召开推进南水北调后续工程高质量发展座谈会并发表重要讲话。他强调，南水北调工程事关战略全局、事关长远发展、事关人民福祉。进入新发展阶段、贯彻新发展理念、构建新发展格局，形成全国统一大市场和畅通的国内大循环，促进南北方协调发展，需要水资源的有力支撑。要深入分析南水北调工程面临的新形势新任务，完整、准确、全面贯彻新发展理念，按照高质量发展要求，统筹发展和安全，坚持节水优先、空间均衡、系统治理、两手发力的治水思路，遵循确有需要、生态安全、可以持续的重大水利工程论证原则，立足流域整体和水资源空间均衡配置，科学推进工程规划建设，提高水资源集约节约利用水平。

习近平总书记站在党和国家事业战略全局和长远发展的高度，充分肯定了南水北调工程的重大意义，科学分析了南水北调工程面临的新形势新任务，深刻总结了实施重大跨流域调水工程的宝贵经验，系统阐释了继续科学推进实施调水工程的一系列重大理论和实践问题，为推进南水北调后续工程高质量发展指明了方向、提供了根本遵循，为新时代治水擘画了宏伟蓝图。

此次座谈会召开后，水利部党组迅速成立推进南水北调后续工程高质量发展工作领导小组推动相关工作落实。

2021 年 3 月，水利部部长李国英在中线丹江口水库调研

2021 年 5 月，水利部部长李国英在东线八里湾泵站

| 后续工程 |

东线后续工程

随着我国经济社会的快速发展，东线工程供水区经济社会需用水情况、工程条件等均发生了较大的变化，京津冀协同发展国家战略的实施、新的发展理念和治水思路等都对东线工程提出了新的更高要求。2012 年国务院南水北调工程建设委员会第六次会议，明确要求加快开展东、中线后续工程论证工作。在经历了东线二期工程补充规划、二期工程规划总体方案阶段后，2017 年 5 月，水利部批复南水北调东线二期工程规划（2017 年）项目任务书，全面启动规划编制工作。各有关单位按照工作分工，有序推进各项工作。2020 年 12 月，水利部向国家发改委报送南水北调东线二期可行性研究报告及其审查意见。在推进南水北调后续工程高质量发展座谈会召开后，有关方面迅速组织技术力量开展南水北调东线工程规划评估工作。

东线北延应急供水工程开工

东线明渠段

南水北调山东段输水干线七一河

东线一期工程小运河输水至邱屯枢纽

中线后续工程

中线一期工程极大地缓解了北方受水区用水矛盾，但是，随着北方地区经济社会持续快速发展，京津冀协调发展、雄安新区建设、黄河流域生态保护和高质量发展、中原城市群建设的深入推进，特别是人民群众对优质水资源、优美水环境、健康水生态的需求越来越高，水资源的供需矛盾将进一步凸显。

《南水北调工程总体规划》明确南水北调中线工程分期建设，第一期工程多年平均调水量 95 亿立方米，第二期工程“在第一期工程的基础上扩大输水能力 35 亿立方米，多年平均调水规模达到

130 亿立方米……，届时将根据调水区生态环境实际状况和受水区经济社会发展的需水要求，在汉江中下游兴建其它必要的水利枢纽或确定从长江补水的方案和时间”。2012 年国务院批复的《长江流域综合规划（2012—2030 年）》考虑中线工程再从汉江增加调水量，加上汉江本流域经济社会发展用水，将超过汉江流域水资源承载能力，要求“根据汉江流域经济社会发展状况及水资源利用程度，尽快启动从长江干流引水补充汉江的研究，并相机实施”。

为落实国家安排，2017 年 4 月，水利部批复引江补汉工程规划任务书，明确了工程规划主要内容，全面启动规划编制工作。2020 年 12 月，水利部向国家发改委报送引江补汉工程可行性研究报告及其审查意见。在推进南水北调后续工程高质量发展座谈会召开后，有关方面迅速组织技术力量开展南水北调中线工程规划评估工作。

引江补汉工程作为南水北调中线工程的后续水源，从长江三峡库区引水入汉江，提高汉江流域的水资源调配能力，增加南水北调中线工程北调水量，提升中线工程供水保障能力，向工程输水线路沿线地区城镇生活和工业补水，并为引汉济渭工程达到远期调水规模、汉江中下游梯级生态调度创造条件。

西线工程

西线工程是从长江上游调水到黄河上中游的青海、甘肃、宁夏、内蒙古、陕西、山西等 6 省（自治区）及西北内陆河部分地区。近年来，水利部组织有关科研机构对受水区黄河流域做了一系列专题研究，取得了大量成果，为深入开展工程前期工作奠定了扎实基础。目前，正在抓紧开展工程规划方案比选论证。

2020 年 4 月 16 日，由黄河水利委员会组织的南水北调西线工程综合查勘出征仪式在黄河设计院举行，对南水北调西线规划方案比选论证提出的下移方案进行深入勘察研究。

2020 年 12 月，水利部向国家发改委报送南水北调西线工程规划方案比选论证报告及其审查意见。在推进南水北调后续工程高质量发展座谈会召开后，有关方面迅速组织技术力量开展南水北调西线工程规划评估工作。

2020 年 4 月，南水北调西线工程综合查勘工作组出发

2020 年 5 月，黄河水利委员会组织工作队赴四川、青海、甘肃等省调研

|“十四五”展望|

“十四五”开局，全面建设社会主义现代化国家新征程开启。南水北调工作者将深入贯彻落实习近平总书记两次考察南水北调工程和在推进南水北调后续工程高质量发展座谈会议上的重要讲话精神，坚定不移以人民为中心推进工作，坚定不移贯彻落实新发展理念，坚定不移融入新发展格局，推进高质量发展，坚定不移继承和弘扬南水北调精神，加快把工程规划的宏伟蓝图转变成美好现实，为实现中华民族伟大复兴中国梦，作出南水北调应有的贡献，提供坚实有力的支撑。

后　记

南水北调工程是党中央、国务院决策兴建的实现我国水资源优化配置、促进经济社会可持续发展、保障和改善民生、推进生态文明建设的重大战略性基础设施，是重要的民生工程、生态工程、战略工程，事关战略全局、事关长远发展、事关人民福祉。经过半个世纪的科学论证和十余年的建设，通过广大移民群众的伟大奉献和几代建设者接续奋斗，东、中线一期工程胜利建成运行，“四横三纵、南北调配、东西互济”的中华水网大格局初步形成。几年的安全运行，发挥了显著的经济效益、社会效益和生态效益。

进入新时代，我国社会矛盾发生了新的变化，人民对水资源、水环境、水生态、水文化有了新的更高的期待，南水北调工程有了新内涵、新使命、新担当。按照“节水优先、空间均衡、系统治理、两手发力”的治水思路，从守护生命线的政治高度，优质、高效、安全做好东、中线一期工程运行管理，继续做好移民安置后续帮扶工作，确保工程安全、供水安全、水质安全。准确把握南水北调后续工程面临的新形势新任务，坚持并运用好重大跨流域调水工程实施积累的宝贵经验，深化后续工程规划和建设方案的比选论证，科学确定工程规模和总体布局，加快后续工程前期工作，不断推动南水北调后续工程高质量发展。

本书图文来源于水利部南水北调工程管理司、水利部南水北调规划设计管理局、中国南水北调集团有限公司、南水北调中线干线工程建设管理局、南水北调东线总公司、中国水利水电出版社、中国水利报社等单位及相关个人，在此一并表示感谢。由于编纂时间仓促等原因，错漏之处在所难免，希望广大读者批评指正。

《中国南水北调工程》编纂委员会

2021年6月